工业智能与工业大数据系列

大数据驱动的机械装备智能运维理论及应用

雷亚国 杨 彬 著

电子工业出版社

Publishing House of Electronics Industry

北京·BEIJING

内 容 简 介

本著作面向学科发展前沿与工程迫切需求，围绕机械装备智能运维面临的新挑战：数据大而不全呈"碎片化"、诊断与预测受制于专家经验、智能诊断依赖于充足可用数据等，凝练出大数据背景下智能运维领域的科学问题与应用难题，按照"问题-理论-技术-实例"的逻辑主线，详细介绍了监测大数据质量保障、机械装备故障深度智能诊断、机械装备故障迁移智能诊断、数据驱动的机械装备剩余寿命预测等基础理论与核心技术，所述内容兼具前沿性、创新性与工程实用性，旨在将作者团队在智能运维领域的长期经验积累与最新研究成果分享给广大读者，为其开展相关学术研究、解决应用难题提供参考。

未经许可，不得以任何方式复制或抄袭本书之部分或全部内容。
版权所有，侵权必究。

图书在版编目（CIP）数据

大数据驱动的机械装备智能运维理论及应用 / 雷亚国，杨彬著. —北京：电子工业出版社，2022.1
（工业智能与工业大数据系列）
ISBN 978-7-121-42419-9

Ⅰ. ①大… Ⅱ. ①雷… ②杨… Ⅲ. ①机械设备—智能控制—自动控制系统 Ⅳ. ①TP273

中国版本图书馆 CIP 数据核字（2021）第 240082 号

责任编辑：刘志红（lzhmails@phei.com.cn）　　特约编辑：王　璐
印　　刷：北京七彩京通数码快印有限公司
装　　订：北京七彩京通数码快印有限公司
出版发行：电子工业出版社
　　　　　北京市海淀区万寿路 173 信箱　邮编：100036
开　　本：787×980　1/16　印张：12.25　字数：313.6 千字
版　　次：2022 年 1 月第 1 版
印　　次：2023 年 10 月第 4 次印刷
定　　价：138.00 元

凡所购买电子工业出版社图书有缺损问题，请向购买书店调换。若书店售缺，请与本社发行部联系，联系及邮购电话：（010）88254888，88258888。
质量投诉请发邮件至 zlts@phei.com.cn，盗版侵权举报请发邮件至 dbqq@phei.com.cn。
本书咨询联系方式：（010）88254479，lzhmails@phei.com.cn。

早在我国《庄子·外篇·天地》中就有了使用机械可致"用力甚寡而见功多"的记载。甚至在遥远的石器时代，机械就已经以许多简单工具的形式出现在原始人类的生活中。岁月更迭，刀耕火种，辗转成人类文明的赞歌；机械轰鸣，谱写成科技发展的乐章。时至今日，尽管机械的功能和形态日新月异，却始终代表着人类社会科学技术的发展方向。

机械装备虽然是一种"非生命"的存在，但与人类一样也要经历"生老病死"，因此诞生了"为机器看病"这门学科，即"机械故障诊断与运行维护"。该学科的研究始于20世纪60年代的欧美、日本等发达国家，我国在20世纪80年代开始深入探索。多年来，机械装备运行维护先后经历了三个重要阶段：事后维护、预防维护、预知维护。其中，预知维护又称为视情维护，这种维护模式利用机械装备的动态运行信息，诊断、预测机械装备的故障与退化行为，并依此确定最佳维护时间，对机械装备的故障零部件进行调整、维修或更换，从而在避免事故发生的同时，充分延长机械装备的使用寿命，达到减少维护成本、降低事故发生率、提高社会经济效益的目的。

随着物联网、大数据、人工智能等新一代信息技术与机械装备运行维护的深度融合，预知维护逐渐向智能运维转变。智能运维使用信息深度自感知、故障特征自表征、诊断知识自学习的人工智能技术，从机械监测大数据中分析和挖掘机械装备动态运行信息，自检和预警机械装备实时健康状态，诊断和预测机械装备潜在故障与退化趋势，代替基于人工生成机制的传统预知维护，为机械装备提供不间断的监测、诊断与预测维护服务，使机械装备达到近乎零事故的服役性能。

近年来，本书作者团队多次深入交通运输、能源化工、智能制造、航空航天等我国重点发展领域的骨干企业进行调研，发现工程实际中对机械装备智能运维的需求日益旺盛。鉴于工程迫切需求与智能运维优势的双重驱动，作者团队萌生了将多年研究成果撰写成书分享给更多读者的想法，本书正是在这样的背景下诞生的。

本书共6章。第1章为绪论，概述了机械监测大数据的形成因素与领域特点，阐述了智能运维的定义、框架与研究现状，总结了大数据下机械装备智能运维面临的机遇与挑战。第2章为机械监测大数据质量保障，概括了监测大数据的类型，介绍了大数据异常检测、恢复等数据质量保障技术的最新研究进展。第3章为基于传统机器学习的机械装备智能故障诊断，简述了几种传统机器学习方法的基本原理及其在机械装备智能故障诊断中的应用。第4章为基于深度学习的机械装备智能故障诊断，总结了深度智能诊断的一般流程，介绍了深度智能诊断的基本原理与研究成果。第5章为机械装备故障迁移智能诊断，总结了迁移诊断问题与任务，详述了迁移智能诊断的最新研究成果。第6章为数据驱动的机械装备剩余寿命预测，从健康指标构建、预测方法建立等方面详述了数据驱动寿命预测的最新研究成果。

作者在数十年的科学研究中，得到了科学技术部国家重点研发计划"智能机器人"重点专项（项目编号2018YFB1306100）、国家杰出青年科学基金项目（项目编号52025056）、国家优秀青年科学基金项目（项目编号51222503）、国家自然科学基金联合基金重点支持项目（项目编号U1709208）、面上项目（项目编号61673311）等若干基金项目的资助，书中列举的案例大部分都是以上项目的研究成果，若没有这些项目的支持，本书难以成稿。

本书是研究团队集体智慧的结晶。团队成员李乃鹏、王彪、邢赛博、许学方对本书的编写做出了重要贡献。本书的汇稿与校稿得到了全体团队成员的鼎力支持和大力帮助，在此深表感谢！此外，在本书的修改和校对过程中，电子工业出版社刘志红编辑提出了宝贵意见和建议，在此致以衷心的感谢！

由于本书内容广泛，且智能运维涉及多学科交叉，其中很多方法及应用仍处于发展和完善阶段，同时由于作者水平有限，书中难免有一些错误与不足之处，敬请各位专家与读者不吝批评指正。

目 录

第1章 绪论··1

1.1 机械监测大数据的形成因素与领域特点···3
　　1.1.1 机械监测大数据的形成因素··3
　　1.1.2 机械监测大数据的领域特点··4
1.2 机械装备智能运维的相关概念与研究现状···5
　　1.2.1 机械装备运行维护的定义··5
　　1.2.2 机械装备智能运维的定义··6
　　1.2.3 机械装备智能运维的研究现状··7
1.3 大数据下智能运维面临的机遇与挑战··14
参考文献···17

第2章 机械监测大数据质量保障··21

2.1 基于无迹卡尔曼滤波的流数据异常检测··21
　　2.1.1 无迹卡尔曼滤波基本原理··22
　　2.1.2 基于无迹卡尔曼滤波的流数据异常检测方法··24
　　2.1.3 滚动轴承流数据的异常检测··26
2.2 基于核密度异常因子的离线历史数据异常检测··29
　　2.2.1 局部异常因子基本原理··29
　　2.2.2 基于核密度异常因子的异常数据检测方法··31
　　2.2.3 风机主传动系统异常数据检测··35

2.3　基于张量 Tucker 分解的缺失数据恢复 ·· 37
　　2.3.1　张量分解理论 ·· 38
　　2.3.2　基于张量 Tucker 分解的缺失数据恢复方法 ···································· 43
　　2.3.3　齿轮箱缺失数据恢复 ·· 46
本章小结 ·· 50
参考文献 ·· 51

第3章　基于传统机器学习的机械装备智能故障诊断 ···································· 53

3.1　基于人工神经网络的智能故障诊断 ··· 54
　　3.1.1　人工神经网络基本原理 ·· 55
　　3.1.2　机车轮对轴承智能故障诊断 ··· 57
3.2　基于支持向量机的智能故障诊断 ··· 59
　　3.2.1　支持向量机基本原理 ·· 60
　　3.2.2　行星齿轮箱智能故障诊断 ··· 62
3.3　混合智能故障诊断 ·· 66
　　3.3.1　混合智能诊断基本原理 ·· 66
　　3.3.2　混合智能诊断模型 ··· 67
　　3.3.3　电动机滚动轴承智能故障诊断 ·· 73
本章小结 ·· 75
参考文献 ·· 75

第4章　基于深度学习的机械装备智能故障诊断 ·· 77

4.1　深度置信网络智能故障诊断 ··· 78
　　4.1.1　受限玻尔兹曼机基本原理 ··· 78
　　4.1.2　深度置信网络智能诊断模型 ··· 80
　　4.1.3　电动机滚动轴承智能故障诊断 ·· 82
4.2　堆叠自编码机智能故障诊断 ··· 84
　　4.2.1　自编码机基本原理 ··· 84
　　4.2.2　堆叠自编码机智能诊断模型 ··· 86

4.2.3　行星齿轮箱智能故障诊断 ·· 88

　4.3　加权卷积神经网络智能故障诊断 ·· 91

　　　4.3.1　卷积神经网络基本原理 ·· 92

　　　4.3.2　加权卷积网络智能诊断模型 ·· 94

　　　4.3.3　机车轮对轴承智能故障诊断 ·· 98

　4.4　残差网络智能故障诊断 ·· 101

　　　4.4.1　残差单元基本原理 ·· 101

　　　4.4.2　基于残差网络的智能诊断模型 ·· 102

　　　4.4.3　行星齿轮箱智能故障诊断 ·· 103

　本章小结 ·· 106

　参考文献 ·· 106

第 5 章　机械装备故障迁移智能诊断 ·· 109

　5.1　迁移诊断问题 ··· 110

　　　5.1.1　领域与诊断任务 ·· 110

　　　5.1.2　迁移诊断任务类型 ·· 110

　　　5.1.3　迁移智能诊断方法分类 ·· 111

　5.2　基于实例加权的迁移智能诊断 ·· 113

　　　5.2.1　TrAdaboost 算法描述 ··· 113

　　　5.2.2　基于 TrAdaboost 算法的迁移诊断策略 ····························· 114

　　　5.2.3　行星齿轮箱的跨工况迁移故障诊断 ·································· 116

　5.3　基于特征分布适配的迁移智能诊断 ·· 118

　　　5.3.1　特征分布适配基本原理 ·· 119

　　　5.3.2　基于特征分布适配的迁移诊断策略 ·································· 120

　　　5.3.3　跨装备轴承间的迁移故障诊断 ·· 122

　5.4　多核特征空间适配的深度迁移智能诊断 ······································ 125

　　　5.4.1　多核植入的最大均值差异 ·· 126

　　　5.4.2　多核特征空间适配的深度迁移诊断模型 ·························· 127

5.4.3 跨装备轴承间的迁移故障诊断 ·· 130
5.5 特征分布对抗适配的深度迁移智能诊断 ·· 132
　　5.5.1 生成对抗网络基本原理 ·· 132
　　5.5.2 特征分布对抗适配的深度迁移诊断模型 ··· 133
　　5.5.3 跨工况与跨装备迁移故障诊断 ··· 135
本章小结 ··· 139
参考文献 ··· 140

第6章 数据驱动的机械装备剩余寿命预测 ··· 143

6.1 基于循环神经网络的健康指标构建方法 ·· 145
　　6.1.1 多域特征提取 ·· 146
　　6.1.2 特征评价与选择 ··· 148
　　6.1.3 健康指标构建 ·· 149
　　6.1.4 滚动轴承健康指标构建 ·· 151
6.2 自适应多核组合相关向量机剩余寿命预测方法 ······································ 155
　　6.2.1 相关向量机基本原理 ··· 155
　　6.2.2 基于自适应多核组合相关向量机的剩余寿命预测方法 ····················· 157
　　6.2.3 齿轮剩余寿命预测 ·· 159
6.3 深度可分卷积网络构建及剩余寿命预测 ·· 163
　　6.3.1 可分卷积模块构建 ·· 163
　　6.3.2 网络结构与剩余寿命预测 ··· 167
　　6.3.3 滚动轴承剩余寿命预测 ·· 168
6.4 循环卷积神经网络构建及剩余寿命预测 ·· 173
　　6.4.1 循环卷积神经网络构建 ·· 173
　　6.4.2 预测不确定性量化 ·· 176
　　6.4.3 数控机床刀具剩余寿命预测 ·· 178
本章小结 ··· 182
参考文献 ··· 182

第1章

绪　论

随着新一代信息技术的快速发展,世界正在进入以信息产业为主导的经济发展期,围绕大数据的数字化、网络化、智能化产业变革受到各国的热切关注,并相继制定、出台了大数据发展的战略性指导文件。美国政府于2012年斥资2亿美元启动"大数据研究和发展计划",认为数据是"未来的新石油",将大数据上升到国家战略层面；德国于2015年启动"智慧数据——来自数据的创新"项目,明确指出智慧数据对工业、交通、能源、医疗等领域意义重大,鼓励开发利用有吸引力的、安全的大数据；我国于2015年印发了《促进大数据发展行动纲要》,其中明确指出数据是国家的基础性战略资源,并引导和鼓励各个领域在大数据分析方法及关键应用技术等方面开展探索性研究。

新一代信息技术革命的浪潮同样"席卷"了机械领域。随着"德国工业4.0"、"美国工业互联网"等规划的相继提出,信息化与工业化的深度交叉融合促使航空发动机、工业机器人、风电装备、高速列车等机械装备向智能化、高可靠、长寿命的方向发展。这些机械装备一旦发生故障,将会造成巨大的经济损失甚至人员伤亡。因此,亟需研发机械装备智能运维的核心技术,为机械装备的安全可靠运行保驾护航。

近年来,得益于工业互联网、物联网等技术的蓬勃发展,机械装备智能运维逐渐呈现以下特点：覆盖装备的规模大,每台装备的测点多,数据采样的频率高,连续监测的历时长,这使获取的监测数据迅速累积,数据规模呈现井喷式增长,推动机械装备智能运维进入大数据时代。例如,法国空中客车公司与美国Oracle公司共建了大数据处理系统,该系统通过客机上的传感器,每天可收集超过2万亿字节的数据,被监测参数达60万个,这些数据可用于客机的实时自适应控制及其零部件的故障预测等[1]；宝马集团建立了能够监测全球范围内宝马汽车的大数据平台，据统计，平均一辆宝马汽车具有75个控制器、15 GB的车内数据、约12 000个车载诊断项目，该平台每天进行多达6万次的监测诊断[2]；美国通用公司未来15年将在全球工业系统中增加2 000个联合循环电厂，装机容量达到638 GW，而一个联合循环电厂有燃气涡轮机、蒸汽涡轮发电机等约105个旋转装备需要监测，监测装备数量极大[3]；我国三一重工股份有限公司的工业大数据平台使用智能器件与专用传感器对混凝土泵车、挖掘机、起重机等132类工程机械进行在线管控，实现了全球20多万台工程机械的数据接入，实时采集工程机械的装备位置、油温、油位、压力等6 143种运行状态信息，目前已经积累了1 000多亿条工业数据[4]；中国华电集团有限公司的新能源远程诊断平台监测浙江、蒙东、黑龙江、山东等国内15个省份，包含舟山长白、库伦、七台河、虎头崖等110个风场的7 100多台风机，每台风机布置有308个测点，测点分布于风电机组的电气系统、控制系统和机舱等，可获取包括电动机转速、有功功率、振动等数据，每日共存储数据量约120 GB。可见，机械装备智能运维已经进入了大数据时代。

机械监测大数据是故障信息与诊断知识的载体，其中蕴含着能够反映机械装备健康状态的海量信息，从大数据中总结经验、发现规律，可以协助诊断专家更加全面和深入地认识、了解机械装备健康状态的变化规律，并诊断潜在故障、预测退化趋势、辅助决策维护等，实现新一代信息技术与工业自动化领域的深度融合与交叉创新，这是大数据时代为机械装备智能运维带来的机遇。然而，如何充分挖掘海量监测数据中蕴含的故障信息，将大数据这种"新石油"提炼成可用的"汽油""柴油"，则是大数据时代下机械装备智能运维面临的巨大挑战。需要以机械监测大数据分析为基础，实时掌握机械装备的健康状态信息，保障机械装备的安全高效服役，延长机械装备的使用寿命，这也成为促进中国制造快速发展的重要研究方向。

本章首先概述了机械装备监测大数据的形成因素与领域特点，然后阐述了机械装备智能运维的有关概念，分析了国内外的研究现状，最后总结了大数据背景下智能运维面临的机遇与挑战。

1.1 机械监测大数据的形成因素与领域特点

1.1.1 机械监测大数据的形成因素

机械监测大数据通常指机械装备在运行过程中,使用机械装备自带仪器仪表或外加传感器实时采集的涵盖其健康状态、服役工况、操作情况等信息的数据集合,即机械装备产生的并且存在时间序列差异的大量数据。这些数据贯穿机械工艺、生产、管理、服务等各个环节,促使机械健康管理系统实现描述、诊断、预测、决策、控制等功能,但又无法在可承受的时间范围内用常规技术与手段对数据内容进行获取、管理、处理和服务。

机械监测大数据的形成原因可分为内因和外因[5],如图 1-1 所示。内因方面,机械装备在功能上向精密化、大型化、多功能方向发展;在性能上向高复杂度、高精度、高效率、高质量、高可靠、智能化方向发展;在层次上向系统化、综合集成化方向发展。机械装备的结构复杂性与功能耦合性决定了微小的故障可能会引起连锁反应,导致其无法安全运行,更无法满足上述功能甚至性能方面的需求,这迫使机械装备进行全面实时的健康监测。外因方面,随着先进传感器技术的进步,获取机械装备实时监测数据的成本已经不再高昂,加之嵌入式系统、低耗能半导体、高性能处理器、云计算等高性能计算软硬件平台的兴起,大幅提升了数据分析计算能力。这些因素使实时监测、及时处理机械监测大数据成为可能。因此,大数据驱动的机械装备智能运维是现代工业发展的必然需求。

图 1-1 机械监测大数据的形成

1.1.2 机械监测大数据的领域特点

机械监测大数据不仅具有一般大数据的 4V 特性[6]，即规模性（Volume）、多样性（Variety）、价值性（Value）、高速性（Velocity），还具有以下领域特点[7]。

1. 体量庞大

随着机械装备的监测规模不断扩大，数据种类日益增多，采样频率越来越高，采样历时逐渐延长，获得的监测数据体量越来越庞大，数据规模达到 PB 级以上。例如，所有的劳斯莱斯引擎，不论是飞机引擎、直升机引擎还是舰艇引擎，都配备了大量传感器，用来采集引擎的各部件、各系统、各子系统的数据，这些数据通过特定算法，进入引擎健康管理模块的数据采集与分析系统。在一台引擎中，约有 100 个传感器，每年利用卫星传送 PB 级的数据量，并产生约 5 亿份诊断报告。

2. 多源异构

机械监测大数据来源广泛且分散，类型多样且异构，涵盖了多种机械装备在不同工况下的多物理源所辐射出的大量监测信息，分别从多个角度反映了机械装备的各种健康状态，为全面分析机械装备健康状态提供了可能。例如，北京北科亿力科技有限公司建立的炼铁大数据平台，主要存储物联网机器数据与内部核心业务数据。物联网机器数据涉及炼铁 PLC 生产操作数据、工业传感器产生的检测数据、现场的各类仪表数据等；内部核心业务数据涉及生产计划数据、过程控制数据、成本装备数据、用户交互需求数据、模型计算及分析结果形成的知识库数据、以及现场实际生产过程中的经验数据信息等。

3. 低价值密度

装备在服役过程中长期处于正常状态，即使发生故障，其故障类型也具有不确定性与欠完备性，使监测数据中蕴含大量重复性的碎片化信息，难以准确和全面地描述机械装备在周期性服役过程中的健康状态。此外，机械装备运行环境多变，随机因素干扰较多，如恶劣服役环境下的强背景噪声，传感器未校准或突发故障，数据传输中的信道异常中断、拥堵、遗漏等，使机械监测大数据中混杂了漂移、失真、残缺的"脏数据"，导致数据质量良莠不齐。

4. 高速数据流

机械监测大数据贯穿机械装备运行的全寿命周期，往往呈现为随时间高速变化的流式数据序列，为实时追踪机械装备从前期设计、制造、装配到后期服役、监测、维护各时期的状态提供了动态变化信息。快速处理高速监测数据流，并及时对机械装备的故障进行预报警，能够避免因微小故障快速恶化而导致的机械装备受损。例如，昆仑智汇数据科技（北京）有限公司与金风科技协作建立的风电装备大数据平台，数据回传频率从秒级提高到每秒 50 组的高频，峰值状态下 2 万台风机每秒会产生上千万条传感器数据和机组运行日志数据。

1.2 机械装备智能运维的相关概念与研究现状

1.2.1 机械装备运行维护的定义

机械装备运行维护是指在机械装备的全寿命服役周期内，为使机械装备能够保持或恢复其执行设定功能的状态而实施的健康评估、故障诊断、寿命预测、故障零部件维修或更换等所有行为活动。机械装备运行维护经历了三个发展阶段：事后维护、预防维护、预知维护[8]。

（1）事后维护。事后维护又称无计划维护，即维护行为仅在机械装备发生不可逆故障甚至失效后执行。由于这种维护模式的被动性与不可预见性，导致维护效率低、维护成本高，容易引发严重事故，这也促使学术界与工业界积极探索新的维护理论与技术，从而及早发现机械故障继而制定维护策略，以降低因故障的产生而带来的经济损失与可能的人员伤害。

（2）预防维护。预防维护通过制定计划性维护策略，定期开展维护行为，以防止机械装备意外停机或故障造成高昂的维护成本。但由于维护策略制定的盲目性，易形成过度维护，造成维护资源浪费。

（3）预知维护。预知维护又称视情维护，由美国国家宇航局于 20 世纪 70 年代率先提出[9]。这种维护模式利用机械装备的动态运行信息，诊断、预测机械装备的故障与退化行为,并依此确定最佳维护时间,对机械装备的故障零部件进行调整、维修或更换,从而在避免事故发生的同时,充分延长机械装备的使用寿命,达到减少维护成本、降低事故发生率、提高社会经济效益的目的。

1.2.2 机械装备智能运维的定义

随着物联网、大数据、人工智能等新一代信息技术与机械装备运行维护的深度融合,预知维护逐渐向智能运维转变[10]。智能运维使用信息深度自感知、故障特征自表征、诊断知识自学习的人工智能技术,从机械监测大数据中分析和挖掘机械装备动态运行信息,自检和预警机械装备实时健康状态,诊断和预测机械装备潜在故障与退化趋势,代替基于人工生成机制的传统预知维护,为机械装备提供不间断的监测、诊断与预测维护服务,使机械装备达到近乎零事故的服役性能。智能运维涵盖机械监测大数据的获取、存储、分析、管理及应用集成等功能,以 Hadoop 分布式智能运维管理系统为例,其基本框架如图 1-2 所示,包括数据获取与存储层、数据分析与挖掘层、系统集成与应用层。

图 1-2 Hadoop 分布式智能运维管理系统的基本框架

(1)数据获取与存储层。数据获取与存储层通过多源传感器、数据采集系统等建立机械装备运行界面与监测数据管理系统之间的通道,以分布式文件系统 HDFS 实现机械监测数据的大容量与高速存储。

（2）数据分析与挖掘层。数据分析与挖掘层基于分布式计算批处理引擎 MapReduce、Spark 等，快速地从 HBase 数据库中索引监测数据流，并输入智能运维功能模块执行核心算法，包括：利用机械监测大数据质量保障方法动态过滤数据流中混杂的"脏数据"；基于智能故障诊断方法自适应表征高质量数据中的故障特征并自动诊断潜在故障；采用剩余寿命预测方法实时估计机械装备的剩余使用寿命；根据诊断与预测结果进行维护决策的制定与优化。之后将分析过程中产生的结果数据等存储在数据库中以备调用。

（3）系统集成与应用层。系统集成与应用层面向用户开发一系列上层应用，搭载于本地计算机或便携式设备，通过人机交互接口，协调智能运维管理系统中数据获取、存储、分析、挖掘等模块间的数据流动，实现机械装备的状态监测、故障诊断与预测维护等核心功能，并在此基础上，自动调用分析结果数据，直观地呈现装备的实时健康状态、历史退化态势等，为用户输出诊断分析报告和运维决策方案。

1.2.3　机械装备智能运维的研究现状

机械装备智能运维是大数据、人工智能等新一代信息技术与故障诊断交叉、渗透、融合的产物，属于故障诊断与健康管理（Prognostics and Health Management，PHM）领域的前沿热点，备受国内外学术界与工业界的密切关注和重点资助。

国外在该领域的研究起步较早，主要集中在美国、英国、加拿大、日本等发达国家或地区，如美国密歇根大学和辛辛那提大学等在美国自然科学基金的资助下，联合工业界共同成立了智能维护系统中心，长期致力于机械装备监测诊断与性能衰退预测方法的研究[11]。英国成立的机械保健与状态监测协会是最早发展和推广装备诊断技术的机构之一，其研究成果奠定了英国汽车、航空发动机监测和诊断技术的国际领先地位。英国 Rolls-Royce 公司于 2017 年设立"智能航空发动机"专项，期望通过深度分析航空发动机全寿命周期大数据，提升发动机的运行安全与维护保障性[12]。加拿大多伦多大学成立的维护优化与可靠性工程研究中心长期致力于开展视情维修与维护策略的研究工作，开发的维护系统 EXAKT 与 SMS 已在矿用运输车辆、石油化工设备等机械装备上推广应用[13]。国际 PHM 协会自 2008 年开始便专注于举办工业装备的故障诊断与预测竞赛，随着大数据技术的迭代，竞赛题目也从涡轮发动机、齿轮箱、数控机床刀具等关键部件的故障诊断与预测演进到城轨车辆悬挂系统、化学机械抛光系统组件等机械系统的故障诊断与预测[14]。美国国家仪器公司、艾默生电气公司、瑞士 ABB 公司、国际商业机器公司（IBM）等国外知名企业多年来持续致力于为工业物联网领域的设备诊断与维护提供软硬件一体化解决方案。

国内在机械装备故障诊断方面的研究虽然起步略晚，但备受重视，发展强劲。我国先后发布了《国家中长期科学和技术发展规划纲要（2006—2020 年）》和《机械工程学科发展战略报告（2011—2020 年）》，均将重大产品和重大设施运行可靠性、安全性、可维护性关键技术列为重要的研究方向[15][16]。2017 年中国工程院发布的《中国智能制造发展战略研究报告》将智能运维列为新一代人工智能在制造业应用的重点突破方向之一[17]。国家自然科学基金委员会长期重视机械故障诊断与维护领域的资金投入和优先资助，据估计，30 多年来在机械故障诊断与维护领域获批的面上基金项目、青年基金项目和地区基金项目资助总金额近 2 亿元。2020 年信息科学部更是遴选"面向重大装备的智能化控制系统理论与技术"为优先发展领域，其中将"系统报警与运行故障智能诊断与自愈控制"列为重点研究方向，预计成为未来五年重点项目群立项的主要来源。中国机械工程学会联合中国振动工程学会每两年召开一届"全国设备监测诊断与维护学术会议"，促进故障诊断与维护的学术交流和成果推广应用。工业和信息化部、中国信息通信研究院联合北京工业大数据创新中心等多家企业和研究机构，自 2017 年起每年举办一届中国工业大数据创新竞赛，围绕风机叶片结冰预测、风机齿形带故障分类、刀具剩余寿命预测等工程问题开展主题赛事，推动工业大数据技术及应用发展[18]。国内高等科研院校，如清华大学、西安交通大学、上海交通大学、北京化工大学、华中科技大学、西南交通大学、国防科技大学等汇聚了大批学者与工程技术人员积极开展探索，在机械装备故障诊断理论与方法上取得了一系列重要成果。国内工业物联网知名企业，如树根互联技术有限公司、昆仑智慧数据科技（北京）有限公司、北京天泽智云科技有限公司、安徽容知日新科技股份有限公司等近年来积极打造工业大数据云平台，旨在为工程机械、风力发电、轨道交通、石油化工等领域的机械装备智能运维提供解决方案。

机械装备智能运维涉及监测大数据的获取、存储、分析、管理及应用集成等一系列理论与技术，因此智能运维技术的研究现状可以从数据获取与存储、数据分析与挖掘、系统集成与应用三个方面进行概述。

1. 数据获取与存储是智能运维的前提

机械监测数据中蕴含的机械装备故障信息常常分布在动力学、声学、摩擦学、热力场等诸多物理源中。因此，利用先进的多源数据传感技术获取响应信号进而分析数据，是捕获机械装备故障信息的一般途径。现有智能运维模式着重面向关系型结构化监测数据，构建硬件与软件相结合的专用型监测数据库，其数据传输与存储规则通常基于用户习惯制定。随着运维对象由单一轴承、齿轮等机械核心零部件向功能集成化的复杂机械装备转变，多源传感器和其他广泛存在的数据源持续传输着海量的混合结构化监测数据，航空发动机、工业机器人、燃气轮机、风电装备等高端机械装备的智能运维涉及振动、转速、扭矩、压力、温度、电压、电流等多物理源、多测点信号，如图 1-3 所示。由于不同的信号在采样频率、传输协议、存储结构等方面存在差异，传统面向关系型结构化数据的存储与管理方法已经无法满足海量、多类混合结构化监测大数据的存储需求。分布式存储技术的出现为机械监测大数据的管理难题提供了解决方案，如 Google 先后提出的文件系统 GFS 和 NoSQL 数据库 Cloud Bigtable 等[19]，推动智能运维模式下的大数据管理向模式自由、快速可靠、高度可扩展的方向发展，以实现机械监测大数据的高效存储与快速索引。

(a) 航空发动机

图 1-3 机械装备监测大数据类型及测点分布示意

(b)工业机器人

(c)燃气轮机

图1-3 机械装备监测大数据类型及测点分布示意(续)

(d)风电装备

图1-3 机械装备监测大数据类型及测点分布示意(续)

2. 数据分析与挖掘是智能运维的核心

机械监测数据的故障信息挖掘是运维核心功能模块搭载数据计算框架协同作用的结果,相关研究现状涉及数据计算框架与运维核心功能模块两方面。

1)数据计算框架方面

监测数据的流式特性意味着数据的价值-时间曲线是衰退的,即随着数据获取时间的推移,能够挖掘的数据价值逐渐衰减,这要求数据分析与处理方式的时效性强。现有智能运维模式采用集中式计算,依赖大型运算终端连续处理监测数据流,尽可能地保证数据潜在价值的"新鲜度"。然而,这种集中式计算难以满足海量数据的高效计算需求,尤其是随着高频采样与高速传输技术的应用,监测大数据的高速流式特性越发明显,实时数据分析与处理的需求越发迫切。分布式计算框架,如批处理计算模式、云计算、边缘计算等将海量监测数据分割并行处理[20],支撑起智能运维模式下大数据流动的"高速公路"。

2)运维核心功能模块方面

故障诊断与预测作为机械装备运维的核心功能,是借助机械、信息、数学、力学等多学科先进理论和技术成果迅速发展的一门学科,主要包括特征提取、故障识别、剩余寿命预测等方面的研究工作。

（1）特征提取。以信号处理技术为基础的特征提取是故障信息表征的主要途径。围绕监测数据的时域、频域、时频域等信号多域分析理论与技术，国内外学者开展了丰富的研究工作。

● 时域分析原理简单且易于实现，主要通过统计分析、概率密度分析、排列熵、时域同步平均等方法提取监测数据的时域特征，快速判别故障[21]。

● 在频域分析上，自18世纪初期傅里叶变换开启频谱分析的大门以来，Hilbert解调、阶次追踪、循环平稳分析、稀疏分解等理论与技术一直是频域故障特征提取的有力工具[22][23]。

● 时频域分析理念最早可追溯到20世纪40年代Gabor提出的加窗傅里叶变换概念，随之发展而来的短时傅里叶变换成为首个实用的时频分析方法。在此之后，Ville提出的Wigner-Ville分布成为时频分析的又一重要工具。20世纪80年代以来小波分析理论与经验模式分解（Empirical Mode Decomposition，EMD）相继提出，代表了时频分析的重要突破，迅速掀起了国内外研究与应用的热潮[24][25][26]。

（2）故障识别。故障识别旨在建立故障特征与故障模式之间的对应关系，传统诊断模式通过专家经验知识揭示这种对应关系。随着机器学习理论与技术的快速发展，计算机逐渐代替人工进行数据分析、知识学习、经验总结。通过构建智能诊断模型建立故障特征与故障模式之间的映射关系，推动故障识别向智能化方向发展，因此智能故障识别技术研究与机器学习理论的发展息息相关[27]。机器学习理论肇始于20世纪50年代，蓬勃发展于20世纪80年代，在此期间，诞生了一系列经典的机器学习方法[28]，如人工神经网络、支持向量机、决策树等，并由此催生了自20世纪90年代逐渐发展起来的智能故障诊断，相关研究受到美国、英国、加拿大、韩国、日本等发达国家或地区众多学者的热切关注，在之后短短10多年间便形成了故障诊断专家系统、智能诊断等新理论与新技术，并在交通、能源、冶金等诸多领域推广应用[29]。2006年深度学习理论在《科学》（*Science*）杂志上首次提出，掀起了学术界与工业界研究的新浪潮[30]，堆叠自编码机、深度卷积网络、深度置信网络、深度残差网络等先进深度学习技术的出现，逐渐推动大数据背景下智能故障诊断研究由"浅"入"深"，由此发展而来的深度智能诊断理论与方法成为领域内的前沿热点[31]。

（3）剩余寿命预测。剩余寿命预测的主要任务是根据机械装备的历史服役数据建立预测模型，估计机械装备由当前健康状态退化至服役功能完全丧失的剩余时长。剩余寿命预测方法研究可分为三类：基于物理模型、数据驱动、数模联动[32]。

● 基于物理模型的剩余寿命预测方法根据机械材料的失效机理建立模型来描述机械材料损伤程度与应力循环次数之间的关系，从而预测特定应力水平下机械装备的剩余寿命[33]。这种方法研究较早，可追溯到19世纪德国学者Wöhler基于应力应变理论提出的S-N疲劳寿命曲线。20世纪60年代Paris和Erdogan在断裂力学理论基础上提出了著名的Paris-Erdogan模型，成为剩余寿命预测理论研究的里程碑。在疲劳断裂的研究基础上，国内外许多研究机构和学者又相继发展了基于物理模型的寿命预测方法[34][35]，如等效应变能密度寿命预测方法、基于小裂纹理论的疲劳全寿命预测方法、高温蠕变寿命预测方法等。

● 数据驱动的剩余寿命预测方法借助机器学习理论构建智能预测模型，并利用大量数据进行模型训练，揭示监测数据与机械装备剩余寿命之间的映射关系。常用于构建智能预测模型的机器学习方法有前向反馈神经网络、神经模糊推理系统、相关向量机、高斯过程回归等[36][37]。近年来，随着深度学习理论与技术的蓬勃发展，递归神经网络、长短时记忆网络、时间卷积网络等在剩余寿命预测领域大量应用，备受国内外学者们的青睐[38][39]。

● 数模联动的剩余寿命预测方法基于机械装备衰退机理、同类机械装备趋势信息等故障先验知识，建立衰退模型，描述机械装备的退化行为，并根据历史监测数据的退化趋势对模型参数和机械装备的健康状态进行实时更新，预测机械装备的未来退化趋势，通过数据与模型的联合动态匹配，最终达到预测机械装备剩余寿命的目的[32]。

3. 系统集成与应用是智能运维的目标

面向机械装备提供故障诊断、预测与维护决策等服务的运维管理系统是集成数据获取、存储、分析、挖掘等应用模块的交互式应用平台。自20世纪70年代开始，机械运维管理逐渐在航空航天、船舶汽车、冶金石化等诸多领域推广应用，美国海军为A-7E攻击机部署的发动机监测系统是运维管理系统应用的早期典型案例[42]。整机级运维管理系统的雏形可追溯到20世纪80年代英国开发的直升机健康与使用监测系统，随着相关理论与技术的持续改进，该系统现已成为集航空电子设备、地面支持设备及机载计算机监测诊断产品于一体的复杂运维管理系统[43]。世界航运先进国家也在20世纪80年代开始逐步研发集在线状态监测、健康状态评估、多船协调控制等多功能应用于一体的整机级船舶运维管理系统，如挪威 KYMA 公司研发的 SPM 系统、日本三菱重工研发的 SUPERASOS 系统、美国海军为在役舰船研制的 ICAS 系统等。航天领域早在 20 世纪 70 年代便提出了航天器运维管理的相关概念，但直至 2001 年美国国家宇航局在 X-33 航天飞机上搭载了 VHM 系统，才实现了航天领域运维管理系统的首次飞行验证[44]，之后美国国家宇航局又组织研发了航天器 IVHM 系统，集成了数据获取、特征提取、健康预测评估等应用功能[45]。我国自"十五"以来，相关科研院所，如北京航空航天大学、哈尔滨工业大学、中国航空工业集团公司 634 所等率先在航空、航天、船舶等领域开展运维管理系统设计的基础研究工作，从物理结构、信息处理及功能架构等方面对运维管理系统的应用集成进行攻关，取得了显著成果[42]。例如，2016 年我国 C919 大型客机搭载航天科工集团第一研究院自主研制的运维管理系统，实时监测涉及飞行安全的关键数据，并基于数据分析实现了故障诊断、维修决策、发动机健康评估等应用功能。随着物联网、大数据、人工智能等新一代信息技术的快速发展，工业界逐渐推出智能运维管理系统解决方案——工业大数据云平台，试图通过整合运维大数据获取、分析、管理及云技术等核心功能，强化计算机辅助机械实现自检、自诊和自决的能力，为机械装备提供智能运维管理服务。例如，美国通用电气公司于 2015 年率先推出了云平台 Predix，德国西门子公司于 2016 年推出了云平台 MindSphere，瑞士 ABB 公司随后推出了云平台 ABB Ability，法国施耐德电气有限公司推出了云平台 EcoStruxure，我国树根互联技术有限公司于 2017 年推出了首个本土化工业云平台"根云"等，各国的工业大数据云平台正如雨后春笋般蓬勃发展。

1.3 大数据下智能运维面临的机遇与挑战

正如前文所述，巨大的信息技术变革推动机械装备运行维护迈向智能运维，而机械监测大数据为智能运维技术的发展和转变带来了前所未有的机遇，同时也对现有机械装备运维理论及方法提出了新的挑战。

1. 机遇

（1）监测大数据"量变"产生"质变"，为机械装备甚至装备群运维带来契机。机械监测大数据蕴含大信息、大知识，而且关联性强，通过信息深度表征与相关关系分析等大数据处理技术，挖掘数据背后的潜在价值和规律，有助于全面掌控机械装备的运行状态，使面向齿轮、轴承、转子等机械装备核心零部件的单层次运维转向针对各零部件相互作用、多故障相互耦合的复杂机械装备甚至装备群的多层次运维成为趋势。

（2）"数据为王"的学术思想引导数据分析手段转变，使全面解析机械故障演化过程成为可能。大数据时代，机械装备智能运维的学术思想由观察对象、积累知识、设计算法、提取特征、分析决策的因果发现转向以机理为基础、数据为中心、计算为手段、智能解析与决策为需求的相关推断，这引导数据分析手段由人为选择可靠数据、采用信号处理方法提取故障特征的切片式分析转向基于海量混杂数据、借助人工智能技术建立机械装备监测数据与健康状态映射关系的全局式分析，可望从运维决策结果出发，沿数据分析与处理的脉络全面地解析多工况交替变化下、多随机因素影响下的故障动态演化过程。

（3）监测大数据促进用户-装备-环境协同优化，推动机械装备智能运维服务升级。智能运维通过集成信息感知、通信传输、数据分析等技术，构建了用户-装备-环境相互映射的运维管理系统。系统中监测大数据的高速流动需要用户-装备-环境的动态协同优化：用户-装备协同以实现自动诊断与预测维护的智能决策功能；装备-环境协同以满足全面监测与高效存储的智能传感需求；用户-环境协同以达到高效使用与视情管控的智能管理目的，共同促进智能运维服务由准确及时识别机械故障萌生与演变、减少或避免重大灾难性事故发生转向整合机械监测大数据资源以延长机械装备使用寿命、优化产品设计质量、提高社会经济效益。

2. 挑战

（1）传统运维模式中，单一物理源信号是机械装备故障诊断与预测的主要信息来源，由于数据量小，便于诊断专家人工判断数据价值并筛选优质数据。然而大数据时代下，利用多物理源传感网络获取的机械监测数据容量庞大、种类繁多、价值密度低、质量参差不齐，而且呈现碎片化的特点，依赖人工筛选数据犹如大海捞针，必将迷失于浩瀚的数据海洋之中。因此，需要研究大数据质量保障技术，剔除机械监测大数据中混杂的噪点、失真等低质量数据，并自适应恢复残缺数据中丢失的重要故障信息，为机械装备智能运维夯实数据基础。

(2) 信号处理等故障信息人工表征方法往往针对特定诊断任务，依靠诊断专家在深入分析机械装备故障机理的基础上，凭借丰富的诊断经验和知识提取统计特征或设计敏感特征。但机械监测大数据中蕴含的故障信息多域耦合，而且受多工况交替变化等因素影响，故障信息的快速获取更加困难，因此人为提取或设计特征难以准确涵盖所有故障信息，需要研究大数据驱动的智能诊断技术，即基于深度学习等先进的机器学习方法，自适应地表征监测大数据中的故障信息，并构建监测数据输入与机械装备健康状态输出之间的映射关系，实现智能诊断决策，减少传统故障诊断模式中人为主观干预对诊断决策的影响。

(3) 机械故障智能诊断需要从充足的可用监测数据中学习诊断知识，以替代诊断专家建立机械监测数据与机械装备健康状态之间的联系，实现智能诊断决策，其诊断精度的高低依赖可用数据的质和量。机械监测大数据虽然容量大，但由于标记数据成本高昂、故障信息重复性大，导致海量数据中的有效故障信息不足，抑制了智能诊断方法的推广应用。迁移学习能够利用已有机械的诊断知识解决相关装备的诊断问题，为克服上述难点提供了解决方案：研究机械装备迁移智能诊断技术，建立机械装备诊断知识的跨域迁移机制，降低智能诊断方法对充足可用数据的依赖性，解决可用数据稀缺条件下装备故障智能诊断的应用难题。

(4) 机械装备退化失效是多因素影响的复杂物理过程，因此，难以明晰其失效机理并建立准确的物理模型进行剩余寿命预测。数据驱动的剩余寿命预测方法借助机器学习理论构建智能预测模型，无须深入研究机械装备的失效机理，解决了装备复杂失效机理下构造物理模型实现剩余寿命预测的难题。然而，如何从监测大数据中构建能够反映退化规律的健康指标，根据指标退化趋势进行机械装备剩余寿命的智能预测并将预测结果的不确定性量化，仍是数据驱动的剩余寿命预测方法面临的核心问题。

本书接下来以作者团队的最新研究进展为基础，围绕大数据驱动的机械装备智能运维面临的挑战，从监测大数据质量保障、故障深度智能诊断、故障迁移智能诊断、数据驱动的机械装备剩余寿命预测等方面阐述大数据背景下智能运维领域的科学问题、应用难题及最新研究成果，为读者开展相关理论及应用研究提供参考。

参考文献

[1] 大数据文摘. 航空遇见大数据[EB/OL]. https://cloud.tencent.com/developer/article/1131052, 2018-05-21.

[2] 夏妍娜，王羽. 大数据在德国汽车制造商宝马集团中的应用[J]. 智慧工厂，2017, 2: 81-84.

[3] Evans PC, Annunziata M. Industrial Internet: Pushing the boundaries of minds and machines[J]. Scirepkanazawa Univ, 2012, 1: 1-23.

[4] 李心萍. 用大数据挖掘大价值[N]. 人民日报，2016-11-30(2).

[5] 陈雪峰，訾艳阳. 智能运维与健康管理[M]. 北京：机械工业出版社，2018.

[6] 维克托·迈尔·舍恩伯格. 大数据时代：生活、工作与思维的大变革[M]. 盛杨燕，周涛. 译. 浙江：浙江人民出版社，2012.

[7] 雷亚国，贾峰，孔德同，等. 大数据下机械智能故障诊断的机遇与挑战[J]. 机械工程学报，2018, 54(5): 94-104.

[8] JARDINE A K S, TSANG A H C. Maintenance, Replacement, and Reliability: Theory and Applications[M]. CRC press, 2013.

[9] PUSEY H C, HOWARD P L. An historical view of mechanical failure prevention technology [J]. Sound and Vibration, 2008, 42(5): 10-19.

[10] 李杰. 工业大数据[M]. 邱伯华，等译. 北京：机械工业出版社，2015.

[11] Center for Interlligent Maintenance Systems[EB/OL]. http://www.imscenter.net/IMS.

[12] 中国民航网. 罗尔斯·罗伊斯推出智能发动机愿景[EB/OL]. http://www.caacnews.com.cn/1/88/201802/t20180208_1240605.html, 2018-02-08.

[13] Centre for Maintenance Optimization and Reliability Engineering[EB/OL]. https://cmore.mie.utoronto.ca/.

[14] PHM Society. PHM Data Challenge[EB/OL]. https://www.phmsociety.org/events/conference/phm/15/data-challenge.

[15] 中华人民共和国国务院. 国家中长期科学和技术发展规划纲要（2016—2020 年）[EB/OL]. http://www.gov.cn/jrzg/2006-02/09/content_183787.htm, 2006-02-09.

[16] 国家自然科学基金委员会工程与材料学部. 机械工程学科发展战略报告（2011～2020）[M]. 北京：科学出版社，2010.

[17] 中国工程院"制造强国战略研究"项目组. 中国智能制造发展战略研究[J]. 中国工程科学，2018, 20(4): 1-8.

[18] 中国信息通信研究院. 首届中国工业大数据创新竞赛在京正式启动[EB/OL]. http://www.caict.ac.cn/xwdt/ynxw/201804/t20180426_157350.htm, 2017-07-03.

[19] 孟小峰，慈祥. 大数据管理：概念、技术与挑战[J]. 计算机研究与发展，2013，50(1): 146-169.

[20] 李学龙，龚海刚. 大数据系统综述[J]. 中国科学: 信息科学，2015, 45(1): 1-44.

[21] 何正嘉，陈进，王太勇，褚福磊. 机械故障诊断理论及应用[M]. 北京：高等教育出版社，2010.

[22] 林京，赵明. 变转速下机械设备动态信号分析方法的回顾与展望[J]. 中国科学：技术科学，2015，45(7): 669-686.

[23] FENG Z, ZHOU Y, ZUO M J, et al. Atomic decomposition and sparse representation for complex signal analysis in machinery fault diagnosis: A review with examples[J]. Measurement, 2017, 103: 106-132.

[24] 何正嘉，訾艳阳，孟庆丰，等. 机械设备非平稳信号的故障诊断原理及应用[M]. 北京：高等教育出版社，2001.

[25] 褚福磊，彭志科，冯志鹏，李志农. 机械故障诊断中的现代信号处理方法[M]. 北京：科学出版社，2009.

[26] 于德介，程军圣，杨宇. 机械故障诊断的 Hilbert-Huang 变换方法[M]. 北京：科学出版社，2007.

[27] LEI Y, YANG B, JIANG X, et al. Applications of machine learning to machine fault diagnosis: A review and roadmap[J]. Mechanical Systems and Signal Processing, 2020, 138: 106587.

[28] 周志华. 机器学习[M]. 北京：清华大学出版社，2016.

[29] 雷亚国，何正嘉. 混合智能故障诊断与预示技术的应用进展[J]. 振动与冲击，2011, 30(9): 129-135.

[30] LECUN Y, BENGIO Y, HINTON G. Deep learning[J]. Nature, 2015, 521(7553): 436-444.

[31] KHAN S, YAIRI T. A review on the application of deep learning in system health management[J]. Mechanical Systems and Signal Processing, 2018, 107: 241-265.

[32] LEI Y, LI N, GUO L, et al. Machinery health prognostics: A systematic review from data acquisition to RUL prediction[J]. Mechanical Systems and Signal Processing, 2018, 104: 799-834.

[33] 张小丽，陈雪峰，李兵，等. 机械重大装备寿命预测综述[J]. 机械工程学报，2011, 47(11): 100-116.

[34] 涂善东，轩福贞，王卫泽. 高温蠕变与断裂评价的若干关键问题[J]. 金属学报，2009, 45(7): 781-787.

[35] SANTECCHIA E, HAMOUDA A M S, MUSHARAVATI F, et al. A review on fatigue life prediction methods for metals[J]. Advances in Materials Science and Engineering, 2016: 9573524.

[36] LEE J, WU F, ZHAO W, et al. Prognostics and health management design for rotary machinery systems-Reviews, methodology and applications[J]. Mechanical Systems and Signal Processing, 2014, 42(1-2): 314-334.

[37] KAN M S, TAN A C C, MATHEW J. A review on prognostic techniques for non-stationary and non-linear rotating systems[J]. Mechanical Systems and Signal Processing, 2015, 62-63: 1-20.

[38] WANG Y, ZHAO Y, ADDEPALLI S. Remaining useful life prediction using deep learning approaches: A review[J]. Procedia Manufacturing, 2020, 49: 81-88.

[39] 裴洪，胡昌华，司小胜，等. 基于机器学习的设备剩余寿命预测方法综述[J]. 机械工程学报，2019, 55(8): 1-13.

[40] SI X, WANG W, HU C, et al. Remaining useful life estimation–a review on the statistical data driven approaches[J]. European Journal of Operational Research, 2011, 213(1): 1-14.

[41] ZHANG Z, SI X, HU C, et al. Degradation data analysis and remaining useful life estimation: A review on Wiener-process-based methods[J]. European Journal of Operational Research, 2018, 271(3): 775-796.

[42] 曾声奎，MICHAEL G. PECHT，吴际. 故障预测与健康管理（PHM）技术的现状与发展[J]. 航空学报，2005，26(5): 626-632.

[43] 莫固良，汪慧云，李兴旺，等. 飞机健康监测与预测系统的发展及展望[J]. 振动、测试与诊断，2013，33(6): 925-930+1089.

[44] 罗荣蒸，孙波，张雷，等. 航天器预测与健康管理技术研究[J]. 航天器工程，2013，22(4):95-102.

[45] MARK S, JEFF S, LEE B. The NASA Integrated vehicle health management technology experiment for X-37[C]//Conference on Component and Systems Diagnostics, Prognostics, and Health Management in Orlando, USA, April 3-4, 2002: 49-60.

第 2 章

机械监测大数据质量保障

机械监测大数据中丰富的故障信息与诊断知识能够为装备智能运维提供有价值的数据来源。然而,机械装备的服役环境复杂多变,随机因素干扰较多,导致监测大数据质量参差不齐,其中不可避免地混杂噪点、失真、缺失等"脏数据"[1]。正所谓"垃圾进,垃圾出",若基于低质量监测大数据实施智能故障诊断或剩余寿命预测,势必误判机械装备的健康状态,降低剩余寿命预测的准确性,进而导致维护策略失误。因此,急需研究机械监测大数据质量保障方法,剔除噪点、失真等异常数据,恢复含重要故障信息的缺失数据。机械监测大数据可概括为在线监测流数据与离线历史数据两大类。本章将围绕这两类数据的异常检测与恢复进行研究:首先阐述在线监测流数据的特点,并结合无迹卡尔曼滤波检测异常流数据;然后提出基于核密度异常因子的离线历史数据异常检测方法,定位离线数据库中存储的漂移、缺失等异常数据;最后提出基于张量 Tucker 分解的缺失数据恢复方法,补全缺失数据,为大数据驱动的机械装备智能运维夯实数据基础。

2.1 基于无迹卡尔曼滤波的流数据异常检测

机械监测大数据通常来源于传感器监测网络,具有高速流动性,是后续分析的第一手资料,呈现为顺序、大量、快速、连续到达的时序数据流。在设备实时监测过程中,流数据的质量一旦出现问题,容易导致在线监测指标计算错误,造成系统误报警。因此,为保证监测流数据的正确性与新鲜度,要求其质量保障方法具备"数据到达一批,高效处理一批"的实时处理能力,而且数据一经流入便能动态过滤"杂质",提高数据的可用性。无迹卡尔曼滤波(Unscented Kalman Filter,UKF)算法简单高效,滤波递推过程能够通过提取实时滤波误差的方差,从统计学角度对数据的分布特性进行实时评估,及时判别异常数据,满足流数据实时高效处理的需求。本节首先介绍 UKF 的基本原理,然后提出基于 UKF 的流数据异常检测方法,并将其应用于滚动轴承的流数据异常检测。

2.1.1 无迹卡尔曼滤波基本原理

1960 年,匈牙利裔美籍科学家 R. E. Kalman 将状态空间的概念引入滤波理论,提出基于线性离散系统的卡尔曼滤波(Kalman Filter,KF)[2]。该方法建立在线性最小方差估计的基础上,以递归的方式实现系统状态的滤波估计,算法计算量小、存储量小、结构简单、便于实现,被认为是现代滤波理论的开端。然而,KF 将系统噪声限定为高斯白噪声,要求系统误差特性和观测误差特性已知,需要建立精确的系统状态空间模型。此外,工程实际中大多数系统严格意义上都是非线性的,系统的输出与输入不成正比,且非线性系统对初值较为敏感。上述诸多局限使 KF 在工程实际中的应用受到限制。UKF 是线性系统 KF 在非线性高斯系统中的变体应用[3],采用无迹变换(Unscented Transformation,UT)进行确定性采样,并在 KF 框架内完成滤波,属于非线性滤波方法[4],具有运算高效、稳定性高等优点。UKF 包括 UT 变换、时间更新、观测更新、滤波估计四个步骤[5],具体介绍如下。

1. UT 变换

UT 变换首先在原状态分布中按某一规则选取一些采样点,使这些采样点的均值和协方差等于原状态分布的均值和协方差;然后将采样点代入非线性函数,得到相应的非线性函数值;最后求取这些非线性函数值的均值和协方差。

设加性高斯白噪声条件下的非线性高斯系统表示为:

$$\begin{cases} \boldsymbol{x}_t = f(\boldsymbol{x}_{t-1}) + \boldsymbol{\varepsilon}_{t-1} \\ \tilde{\boldsymbol{x}}_t = h(\boldsymbol{x}_t) + \boldsymbol{\xi}_t \end{cases} \tag{2-1}$$

式中,$\boldsymbol{x}_t$ 为 t 时刻的离散状态变量;$\tilde{\boldsymbol{x}}_t$ 为 t 时刻的状态变量观测值;$f(\cdot)$ 为非线性系统函数;$h(\cdot)$ 为非线性观测函数;$\boldsymbol{\varepsilon}_{t-1} \sim N(0, \boldsymbol{Q}_t)$ 为过程噪声;$\boldsymbol{\xi}_t \sim N(0, \boldsymbol{R}_t)$ 为观测噪声;$\boldsymbol{Q}_t$ 和 $\boldsymbol{R}_t$

分别为过程噪声与观测噪声的协方差。

UT 变换构造了 $t-1$ 时刻的 Sigma 点集 $X_{t-1} = \left\{ x_{t-1}^{(0)}, x_{t-1}^{(1)}, \cdots, x_{t-1}^{(2n)} \right\}$，包含 $2n+1$ 个 Sigma 点，对于第 i 个 Sigma 点 $x_{t-1}^{(i)} \in X_{t-1}$，其一阶权系数为 $\omega_\mathrm{m}^{(i)}$，二阶权系数为 $\omega_\mathrm{c}^{(i)}$。假设 $t-1$ 时刻的 Sigma 点集从多元高斯分布 $N(\boldsymbol{\mu}_{t-1}, \boldsymbol{\Sigma}_{t-1})$ 中采样，则根据经典对称采样策略，可构造如下 Sigma 点及其权系数：

$$\begin{cases} \boldsymbol{x}_{t-1}^{(0)} = \boldsymbol{\mu}_{t-1} \\ \boldsymbol{x}_{t-1}^{(i)} = \boldsymbol{\mu}_{t-1} + \sqrt{(n+\lambda)[\boldsymbol{\Sigma}_{t-1}]_i}, \quad i=1,2,\cdots,n \\ \boldsymbol{x}_{t-1}^{(i)} = \boldsymbol{\mu}_{t-1} - \sqrt{(n+\lambda)[\boldsymbol{\Sigma}_{t-1}]_i}, \quad i=n+1,n+2,\cdots,2n \\ \omega_\mathrm{m}^{(0)} = \dfrac{\lambda}{n+\lambda} \\ \omega_\mathrm{c}^{(0)} = \dfrac{\lambda}{n+\lambda} + 1 + \gamma - \alpha^2 \\ \omega_\mathrm{m}^{(i)} = \omega_\mathrm{c}^{(i)} = \dfrac{1}{2(n+\lambda)}, \quad i \neq 0 \end{cases} \quad (2\text{-}2)$$

式中，$[\cdot]_i$ 表示协方差矩阵的第 i 个列向量；$\lambda = \alpha^2(n+\kappa) - n$ 为比例系数，用于调节 Sigma 点的距离；κ 为尺度参数，对于单变量，$\kappa = 0$，对于多变量，$\kappa = 3 - n$；$0 \leqslant \alpha \leqslant 1$ 为比例缩放因子；γ 为状态分布参数，对于单变量，$\gamma = 0$，对于高斯分布，$\gamma = 2$。

2. 时间更新

根据式（2-1）与式（2-2）可得 Sigma 点集在 $t-1$ 时刻的一步预测为：

$$\boldsymbol{x}_{t|t-1}^{(i)} = f\left(\boldsymbol{x}_{t-1}^{(i)}\right), \quad i = 0,1,2,\cdots,2n \quad (2\text{-}3)$$

其均值 $\boldsymbol{\mu}_{t|t-1}$ 和协方差矩阵 $\boldsymbol{\Sigma}_{t|t-1}$ 可表达为：

$$\begin{cases} \boldsymbol{\mu}_{t|t-1} = \sum_{i=0}^{2n} \omega_\mathrm{m}^{(i)} \boldsymbol{x}_{t|t-1}^{(i)} \\ \boldsymbol{\Sigma}_{t|t-1} = \sum_{i=0}^{2n} \omega_\mathrm{c}^{(i)} \left[\boldsymbol{x}_{t|t-1}^{(i)} - \boldsymbol{\mu}_{t|t-1} \right] \left[\boldsymbol{x}_{t|t-1}^{(i)} - \boldsymbol{\mu}_{t|t-1} \right]^\mathrm{T} + \boldsymbol{Q}_{t-1} \end{cases} \quad (2\text{-}4)$$

3. 观测更新

将一步预测的 Sigma 点集通过式（2-1）中的非线性观测函数 $h(\cdot)$ 进行递推，可得 Sigma 点集的一步预测观测值，即

$$\tilde{x}_{t|t-1}^{(i)} = h\left(x_{t|t-1}^{(i)}\right), \quad i = 0,1,2,\cdots,2n \tag{2-5}$$

其均值 $\tilde{\mu}_{t|t-1}$、协方差 $\tilde{\Sigma}_{t|t-1}$ 与互协方差 $C_{t|t-1}$ 分别为：

$$\begin{cases} \tilde{\mu}_{t|t-1} = \sum_{i=1}^{2n} \omega_m^{(i)} \tilde{x}_{t|t-1}^{(i)} \\ \tilde{\Sigma}_{t|t-1} = \sum_{i=1}^{2n} \omega_c^{(i)} \left[\tilde{x}_{t|t-1}^{(i)} - \tilde{\mu}_{t|t-1}\right]\left[\tilde{x}_{t|t-1}^{(i)} - \tilde{\mu}_{t|t-1}\right]^T + R_t \\ C_{t|t-1} = \sum_{i=1}^{2n} \omega_c^{(i)} \left[x_{t|t-1}^{(i)} - \mu_{t|t-1}\right]\left[\tilde{x}_{t|t-1}^{(i)} - \tilde{\mu}_{t|t-1}\right]^T \end{cases} \tag{2-6}$$

4. 滤波估计

构造滤波增益 $K_t = C_{t|t-1} \tilde{\Sigma}_{t|t-1}^{-1}$，可得 t 时刻状态变量的滤波估计及协方差，即

$$\begin{cases} \tilde{\mu}_t = \mu_{t|t-1} + K_t \left(\tilde{x}_t - \tilde{\mu}_{t|t-1}\right) \\ \tilde{\Sigma}_t = \Sigma_{t|t-1} - K_t \tilde{\Sigma}_{t|t-1} K_t^T \end{cases} \tag{2-7}$$

式中，$\tilde{\mu}_t$ 为 t 时刻状态变量观测值的滤波估计；$\tilde{\Sigma}_t$ 为滤波估计的协方差。

2.1.2 基于无迹卡尔曼滤波的流数据异常检测方法

基于 UKF 的流数据异常检测方法包括以下五个步骤。

（1）建立机械系统的非线性状态空间方程。机械系统中的轴承、齿轮等关键零部件缺陷的发生往往是由于其表面、次表面在交变应力作用下产生微观裂纹并逐渐扩展导致的，因此，应基于 Paris-Erdogan 裂纹扩展模型构建故障零部件的状态空间方程[6]。Paris-Erdogan 裂纹扩展模型说明了应力强度因子在疲劳裂纹扩展中的关键性作用，等幅交变载荷下疲劳裂纹扩展速率公式如下：

$$\frac{dl}{dN} = C_0 \left(m\sqrt{l}\right)^\tau \tag{2-8}$$

式中，l 表示裂纹长度；N 表示应力循环次数；C_0、m、τ 表示材料属性常数。

令 $a = C_0 m^\tau$，$b = \tau/2$，式（2-8）可以改写为如下形式：

$$\frac{\Delta l}{\Delta N} = a l^b \tag{2-9}$$

应力循环次数 N 与时间符合线性关系，假设裂纹扩展长度 l 与特征指标亦呈线性关系，

在等间隔的采样条件下，可以根据式（2-9）建立如下递推的状态空间模型[7]：

$$\begin{cases} x_t = x_{t-1} + \varphi x_{t-1}^{\beta} + \varepsilon_{t-1} \\ \tilde{x}_t = x_t + \xi_t \end{cases} \quad (2\text{-}10)$$

式中，x_t 为 t 时刻的待估计特征；$\tilde{x}_t$ 为 t 时刻的特征观测值；ε_t、ξ_t 为零均值高斯噪声，且 $\varepsilon_t \sim N(0,\sigma^2)$，$\xi_t \sim N(0,\sigma^2)$。

（2）估计非线性状态空间方程的未知参数。式（2-10）给出了描述裂纹扩展一般规律的状态空间模型，其中存在未知参数 φ、β、σ^2，这些参数可通过极大似然估计（Maximum Likelihood Estimation，MLE）方法进行估计。假设 $x_{t-1} = \tilde{x}_{t-1}$，$\varepsilon_{t-1} = 0$，则 $\tilde{x}_t = \tilde{x}_{t-1} + \varphi \tilde{x}_{t-1}^{\beta} + \xi_t$，由 $\xi_t \sim N(0,\sigma^2)$ 可知 $\tilde{x}_t \sim N(\tilde{x}_{t-1} + \varphi \tilde{x}_{t-1}^{\beta}, \sigma^2)$，利用 MLE 方法对 φ、β、σ^2 进行参数估计的过程如下。

根据 $t \in \{1,2,\cdots,T\}$ 时刻的特征观测值 $\tilde{x}_t$ 构建概率密度函数：

$$p_t = \frac{1}{\sqrt{2\pi\sigma^2}} \exp\left[-\frac{(\tilde{x}_t - \tilde{x}_{t-1} - \varphi \tilde{x}_{t-1}^{\beta})^2}{2\sigma^2}\right] \quad (2\text{-}11)$$

由式（2-11）可得出如下对数似然函数：

$$\ln L(\alpha, \beta, \sigma) = -\frac{T}{2}\ln(2\pi) - \frac{T}{2}\ln(\sigma^2) - \frac{1}{2\sigma^2}\sum_{t=1}^{T}(\tilde{x}_t - \tilde{x}_{t-1} - \varphi \tilde{x}_{t-1}^{\beta})^2 \quad (2\text{-}12)$$

由于式（2-12）中未知参数的个数较多，直接求取每个参数的 MLE 值困难，因此设置 $\partial \ln L / \partial \varphi = 0$、$\partial \ln L / \partial \sigma^2 = 0$ 为各参数 MLE 值求解的约束条件后，通过对数似然函数的极大化寻优确定各个未知参数的估计值。

分别求式（2-12）对 φ 和 σ^2 的偏导数，可得如下约束方程组：

$$\begin{cases} \dfrac{\partial \ln L}{\partial \varphi} = \dfrac{1}{\sigma^2}\sum_{t=1}^{T}\left[\tilde{x}_{t-1}^{\beta} \cdot (\tilde{x}_t - \tilde{x}_{t-1} - \varphi \tilde{x}_{t-1}^{\beta})\right] = 0 \\ \dfrac{\partial \ln L}{\partial \sigma^2} = -\dfrac{T}{2\sigma^2} + \dfrac{1}{2\sigma^4}\sum_{t=1}^{T}(\tilde{x}_t - \tilde{x}_{t-1} - \varphi \tilde{x}_{t-1}^{\beta}) = 0 \end{cases} \quad (2\text{-}13)$$

对式（2-13）进行变量分离，并令 $\tilde{x} = [\tilde{x}_0^{\beta}, \tilde{x}_1^{\beta}, \cdots, \tilde{x}_{T-1}^{\beta}]$，$\Delta \tilde{x} = [\tilde{x}_1 - \tilde{x}_0, \tilde{x}_2 - \tilde{x}_1, \cdots, \tilde{x}_T - \tilde{x}_{T-1}]$，可得：

$$\begin{cases} \tilde{x}(\Delta \tilde{x} - \varphi \tilde{x})^{\mathrm{T}} = 0 \\ (\Delta \tilde{x} - \varphi \tilde{x})(\Delta \tilde{x} - \varphi \tilde{x})^{\mathrm{T}} - T\sigma^2 = 0 \end{cases} \quad (2\text{-}14)$$

通过矩阵 $\tilde{x}$ 表示 φ 和 σ^2 如下：

$$\begin{cases} \varphi = \dfrac{\tilde{x}(\Delta\tilde{x})^{\mathrm{T}}}{\tilde{x}\tilde{x}^{\mathrm{T}}} \\ \sigma^2 = \dfrac{1}{T}\left[\Delta\tilde{x}(\Delta\tilde{x})^{\mathrm{T}} - \varphi(\Delta\tilde{x})\tilde{x}^{\mathrm{T}} - \varphi\tilde{x}(\Delta\tilde{x})^{\mathrm{T}} + \varphi^2\tilde{x}\tilde{x}^{\mathrm{T}} \right] \end{cases} \quad (2\text{-}15)$$

将式（2-15）代入式（2-12），并在一定范围内遍历寻找使对数似然函数极大的 β^*，之后将 β^* 代回式（2-15）可获得 φ 和 σ^2。

（3）初始化特征观测值 $\tilde{x}_0$、协方差矩阵 $\boldsymbol{\Sigma}_0 = \begin{bmatrix} 1 & 0.1 \\ 0.1 & 1 \end{bmatrix}$。

（4）执行 UKF 算法，计算特征观测序列的滤波估计值。

（5）计算特征观测序列及其滤波估计值的差值，获得滤波误差序列，将超出 3σ 阈值的序列点对应的原始数据识别为异常数据。

2.1.3 滚动轴承流数据的异常检测

利用 2012 年电气和电子工程师协会 PHM 挑战赛的滚动轴承加速寿命实验数据[8]对基于 UKF 的流数据异常检测方法进行验证。实验数据来源于 PRONOSTIA 实验台，其结构如图 2-1 所示。该实验台由传动、加载和测试三部分组成。传动部分提供动力和转速。加载部分通过气缸对测试轴承的径向加压。测试部分包含加速度传感器、温度传感器、压力传感器、速度传感器等。被测轴承型号为 NSK 6804RS，在实验过程中，分别设置转速为 1 500 r/min，载荷为 5 kN，数据采样频率为 25.6 kHz，传感器每隔 10 s 采集一次数据，每次采样时长为 0.1 s。

图 2-1　PRONOSTIA 实验台

首先基于 Paris-Erdogan 裂纹扩展模型，建立如式（2-10）所示的状态空间模型。由于被测轴承 3-3 的全寿命周期振动数据中不含异常数据，因此利用该数据对状态空间模型的参数进行估计。轴承 3-3 全寿命周期水平测点振动数据的时域波形如图 2-2 所示，提取每次采样时长下振动数据的均方根值 X_{RMS}，并将其代入式（2-12）计算对数似然函数值。当设置参数 β 的搜索区间为 $[0,100]$、搜索间隔长度为 0.02 时，可得如图 2-3 所示的对数似然函数值变化曲线。由图可知，当 $\beta=1.94$ 时，对数似然函数值取得极大值 946.5，因此 $\beta^*=1.94$。将 β^* 代入式（2-15），可得参数 φ 和 σ 的取值分别为 0.015 2 和 0.027 2，进而获得最优参数下该组数据 UKF 的滤波结果，如图 2-4 所示。从图中可以看到特征滤波序列与特征观测序列波形吻合程度较高，说明基于 UKF 的流数据异常检测方法能够动态地跟踪并估计出轴承健康状态的趋势变化。

图 2-2　轴承 3-3 全寿命周期水平测点振动数据的时域波形

图 2-3　不同参数 β 下的对数似然函数值变化曲线

图 2-4　轴承 3-3 数据的 UKF 滤波结果

另取轴承 3-1 的全寿命振动数据对基于 UKF 的流数据异常检测方法进行验证，其时域波形如图 2-5 所示，其中包含异常数据。为模拟工程实际中的监测数据流动，分块读取数据并输入 UKF 算法对数据的均方根值进行实时滤波，结果如图 2-6（a）所示。从图中可以看出，特征观测序列前期和后期均存在一处较大的跳变，中期呈现较为稳定的退化趋势，说明基于 UKF 的流数据异常检测方法能够实时跟踪数据退化趋势且跟踪精度较高。图 2-6（b）中绘出了"观测值-滤波值"误差序列和阈值曲线。由图可以看出，在 $[220s,230s]$ 和 $[4930s,4940s]$ 的时间间隔内，观测值-滤波值误差序列超出了 3σ 阈值，因此该段数据被检测为异常数据。如图 2-7 所示绘制了两段异常数据的时域波形：图 2-7（a）中的异常数据存在漂移现象；图 2-7（b）中的异常数据存在幅值跳变。二者均为机械监测大数据中常见的"脏数据"。基于 UKF 的流数据异常检测方法的运行硬件环境为：Intel i5-9400F，CPU 2.9 GHz，RAM 16GB，Windows10 64 位操作系统，平均运行耗时为 0.238 s，远小于采集间隔时长 10 s，能够满足流数据处理的实时性要求。以上结果表明，基于 UKF 的流数据异常检测方法能够实时检测滚动轴承监测数据中的漂移、冲击干扰等异常数据，达到保障流数据质量的目的。

图 2-5　轴承 3-1 全寿命周期水平测点振动数据的时域波形

（a）UKF 滤波结果　　　　　　（b）观测值-滤波值误差序列

图 2-6　轴承 3-1 数据均方根值的 UKF 滤波结果及异常检测结果

(a)第一段异常数据　　　　　　(b)第二段异常数据

图 2-7　检测出的异常数据时域波形

2.2 基于核密度异常因子的离线历史数据异常检测

离线历史数据的异常检测通过分析数据库中历史数据的相似性，筛除海量数据中的"离群点"，即异常数据，达到保障数据质量的目的。局部异常因子（Local Outlier Factor，LOF）方法[9]通过比较数据样本与邻近样本密度的差异，量化数据样本的局部异常程度，能够解决离线历史数据的异常检测问题。本节首先介绍了 LOF 基本原理，然后提出了基于 LOF 的异常数据检测方法，并将其应用于风机异常数据检测。

2.2.1 局部异常因子基本原理

LOF 方法是基于密度的异常检测方法，用于解决如图 2-8 所示的多种密度下异常点检测的问题。图中，C_H 与 C_L 分别为高密度与低密度的高质量数据点簇，而且同时存在两个数据样本 o_1 与 o_2。样本 o_1 接近高密度数据簇 C_H。样本 o_2 接近低密度数据簇 C_L。由于样本 o_1 与 o_2 所处位置的密度均小于其邻域数据簇的密度，因此被判断为异常点。LOF 方法正是通过数据样本及其周围样本的局部密度的相似度，判断数据样本是否为异常点。该方法基于异常数据样本的局部密度远低于其周围样本的局部密度这一前提假设，首先为选中的数据样本划定具有 k 个近邻的最小集合（第 k 距离邻域），然后将该集合的半径（第 k 距离）赋予该集合中每个数据样本，以计算其异常程度的局部密度（局部可达密度），最后通过计算集合中所有数据样本的平均局部密度与选中数据样本的局部密度的比值，即 LOF 值，判断该数据样本是否异常。LOF 值越大，表明该数据样本为异常点的可能性越大。

图 2-8 多种密度下的数据特征分布

对于数据样本集 D 内任意一样本 p，其 LOF 计算的基本流程如下。

(1) 通过欧式距离计算样本 p 与样本 $o \in D$ 之间的真实距离为 $d(p,o)$。当样本 o 满足如下条件时：①至少有 k 个 $o' \in D$ 且 $o' \neq p$，满足 $d(p,o') \leq d(p,o)$；②至多有 $k-1$ 个 $o' \in D$ 且 $o' \neq p$，满足 $d(p,o') < d(p,o)$，可得样本 p 的第 k 距离 $d_k(p) = d(p,o)$。

(2) 查询样本 p 的第 k 距离邻域，表示为：

$$N_k(p) = \{q | q \in D, d(p,q) \leq d_k(p)\} \tag{2-16}$$

式中，$d(p,q)$ 为样本 p 与样本 q 之间的真实距离。

(3) 计算样本 p 关于样本 o 的可达距离：

$$\Gamma_k(p,o) = \max\{d_k(o), d(p,o)\} \tag{2-17}$$

式中，$d_k(o)$ 为样本 o 的第 k 距离。如图 2-9 所示，样本 o_1 到样本 p 的第 6 可达距离为 $d(p,o_1)$，样本 o_2 到样本 p 的第 6 可达距离为 $d_6(o_2)$。

图 2-9 可达距离示意

（4）计算样本 p 的局部可达密度为：

$$\rho_k(p) = \frac{|N_k(p)|}{\sum_{o \in N_k(p)} \Gamma_k(p,o)} \tag{2-18}$$

即 p 的第 k 距离邻域内的所有点到 p 的平均可达距离的倒数。由式（2-18）可知，平均可达距离越小，样本的局部可达密度越大，说明样本属于同一簇的可能性越大；反之，样本可能是异常点。

（5）计算样本 p 的局部异常因子：

$$\text{LOF}_k(p) = \frac{1}{|N_k(p)|} \sum_{o \in N_k(p)} \frac{\rho_k(o)}{\rho_k(p)} \tag{2-19}$$

若 $\text{LOF}_k(p) \approx 1$，说明样本 p 的局部可达密度与其邻域样本的密度相近，属于同一簇；若 $\text{LOF}_k(p) < 1$，说明样本 p 的局部可达密度高于其邻域样本密度，p 为密集点；若 $\text{LOF}_k(p) > 1$，说明样本 p 的局部可达密度小于其邻域样本密度，p 为异常点，而且 $\text{LOF}_k(p)$ 越大，样本 p 的异常程度越大。

2.2.2　基于核密度异常因子的异常数据检测方法

基于传统 LOF 的异常数据检测存在两个缺点[10][11]。①邻近数 k 需要人为设定，因此异常数据的检测结果受主观因素影响。例如，如图 2-10（a）所示的样本 p 及其 10 邻域点全部为异常数据，异常样本数量多且具有相近的特征分布。若恰好人为设定邻近数 k 为 10，则这些异常数据的 LOF 将接近于 1，与高质量数据的 LOF 值相近，因此难以有效区分异常数据。②LOF 未考虑数据分布差异，不适用于复杂数据特征分布下的 LOF 计算。例如，如图 2-10（b）所示的高质量数据分布于高密度数据簇 A 与低密度数据簇 B，样本 p 位于数据簇 B 的边界，其部分 k 邻域点属于数据簇 A。由式（2-19）可知，当某一样本的局部可达密度越小于其邻域样本的局部可达密度时，LOF 值越大，表明该样本为异常数据的概率越高。当样本 p 的部分 k 邻域点位于高密度数据簇时，增大了其邻域点的局部可达密度，进而增大了 LOF 值，导致样本 p 被误判为异常数据点的可能性提高。因此，传统 LOF 无法准确反映数据真正的异常情况，需要利用邻域点密度分布对 LOF 计算进行矫正。为克服上述两个缺点，引入 Nadaraya-Watson 回归[12]，构建基于核密度估计的局部异常因子

（Kernel Density Estimation Local Outlier Factor，KLOF）的异常数据检测方法[13]，检测离线异常数据。

（a）特征分布 1　　　　　　　　（b）特征分布 2

图 2-10　复杂数据特征分布及点的近邻表示

基于 KLOF 的异常数据检测方法流程如图 2-11 所示，可总结为如下三个步骤。

图 2-11　基于 KLOF 的异常数据检测方法流程

(1) 滑窗分割与特征提取。利用滑动窗将数据分割为多个数据段，每个数据段可视为一个数据样本，记数据样本组成的集合为 M。设置滑动窗的长度为 w_c，重叠率 η 为 90%。设 w_c 初始值为 w_0，循环递增值为 Δw，此处两者均设置为 500 个采样点长度。w_c 的最大值 $w_{\max}$ 为：

$$w_{\max} = \frac{l}{1+(1-\eta)k_{\max}} \tag{2-20}$$

式中，l 为数据长度；$k_{\max}$ 为近邻数所取得的最大值。式（2-20）给出了 w_c 的上限，保证分割的数据段数大于搜索的近邻数，使算法正确执行。

提取每个数据段的 23 个时域、频域特征指标，包括均值、最大值、最小值、峰值、均方根值、峰值指标、方差、方根幅值、平均幅值、波形指标、峰值、脉冲指标、裕度、偏斜度、峭度 15 个时域特征指标，以及基于"db4"小波三层小波包分解后计算获得 8 个频带能量指标。

(2) KLOF 计算。KLOF 的计算不再基于单一邻近数 k 进行，而是给定 k 的取值范围 $[k_{\min}, k_{\max}]$，每次迭代循环中临近数 k 加 1，并寻找 k 的最优取值。当邻近数 $k \in [k_{\min}, k_{\max}]$ 时，计算数据样本集合 M 的 LOF 值 $\{\mathrm{LOF}_k(p) | p \in M\}$。引入 Nadaraya-Watson 核回归重构 LOF 值，并进行权重平均化，弱化 k 的影响。数据样本 p 的 Nadaraya-Watson 核回归估计 LOF 定义为：

$$\mathrm{KLOF}_k(p) = \frac{\sum_{o \in N_k(p)} \left[\frac{1}{(d_k(o))^\psi} \cdot k\left(\frac{d(p,o)}{d_k(o)}\right) \cdot \mathrm{LOF}_k(o) \right]}{\sum_{o \in N_k(p)} \left[\frac{1}{(d_k(o))^\psi} \cdot k\left(\frac{d(p,o)}{d_k(o)}\right) \right]} \tag{2-21}$$

式中，样本 o 为样本 p 的近邻；ψ 为权重敏感因子，取值为 2；$k(\cdot)$ 为核函数，定义如下：

$$k(x) = \begin{cases} \beta, & |x| \leq 1 \\ \beta \cdot \exp\left[-(|x|-1)^2/2\right], & \text{其他} \end{cases} \tag{2-22}$$

当 $\beta = 1$ 时，核函数输出曲线如图 2-12 所示。当 $x \in [-1,1]$ 时，核函数值恒定且为 1，随着 $|x|$ 值的增加，核函数值递减。当 $|x|$ 大于 5 时，$k(x) \approx 0$。因此，该核函数的性质可矫正传统 LOF 计算，获得能够更准确地反映异常程度的 KLOF。

图 2-12　$\beta=1$ 时的核函数输出曲线

核函数对传统 LOF 计算的矫正过程如图 2-13 所示。当 $k=5$ 时，样本 p_1 的第 k 距离邻域为图中以 p_1 为圆心的圆形区域。o_1 为 p_1 的近邻点，两者之间的真实距离为 $d(p_1,o_1)$，样本 o_1 的第 k 距离 $d_k(o_1)=d(o_1,o_3)$。同理，p_1 与其邻域内另一样本 o_2 之间的真实距离为 $d(p_1,o_2)$，o_2 的第 k 距离 $d_k(o_2)=d(o_2,o_4)$。由图可知，$d(p_1,o_1)/d_k(o_1) < d(p_1,o_2)/d_k(o_2)$，经式（2-22）的核函数计算后得出 $k[d(p_1,o_1)/d_k(o_1)] \geqslant k[d(p_1,o_2)/d_k(o_2)]$。因此，以核函数输出作为 LOF 的权重，能够降低异常簇样本 o_2 对 p_1 的影响，同时使相邻样本间的权重约为 1，提高异常数据检测的准确性。

图 2-13　核函数对传统 LOF 计算的矫正过程

邻近数 k 取值的迭代终止条件为：$k > k_{\max}$ 或 $\Delta\delta < \zeta$，其中 $\Delta\delta$ 为：

$$\Delta\delta = \sum_{p \in M} \left| \text{KLOF}_k^{(s)}(p) - \text{KLOF}_k^{(s-1)}(p) \right| \tag{2-23}$$

式中，$\text{KLOF}_k^{(s)}(p)$ 为样本 p 在第 s 次迭代后的 KLOF 值；$\text{KLOF}_k^{(s-1)}(p)$ 为样本 p 在第

$s-1$ 次迭代后的 KLOF 值。若第 $s-1$ 次迭代后，k 近邻下计算的 KLOF 能够反映此时数据异常分布情况，则从第 $s-1$ 次到第 s 次迭代，$\Delta\delta$ 值极小。通过判断 $\Delta\delta$ 是否小于阈值 ζ，控制迭代过程是否终止，ζ 值的计算式为：

$$\zeta = 0.1 \cdot \mathrm{SD}\left\{\mathrm{KLOF}_k^{(s)}(p)\middle| p \in M\right\} \tag{2-24}$$

式中，$\mathrm{SD}\{\cdot\}$ 用于计算标准差。

（3）异常数据确定。为准确区分异常数据与高质量数据，需要确定最优滑动窗长。利用不同长度的滑动窗将样本分割为多个数据段，经特征提取后，最优窗长所对应的异常数据段特征与高质量数据段特征之间分布差异最大时，计算所得的 KLOF 也最大。因此最优窗长 w_c^* 可计算为：

$$w_c^* = \arg\max_{w_c}\left\{\mathrm{KLOF}_k^{(s)}(p)\middle| p \in M, w_c \in [w_0, w_{\max}]\right\} \tag{2-25}$$

基于 3σ 准则确定异常数据的判定阈值 Λ 为：

$$\Lambda = \mu_{\mathrm{KLOF}} + 3\sigma_{\mathrm{KLOF}} \tag{2-26}$$

式中，μ_{KLOF}、σ_{KLOF} 分别为 $\left\{\mathrm{KLOF}_k^{(s)}(p)\middle| p \in M\right\}$ 的均值与标准差。当某个数据样本的 KLOF 值大于阈值 Λ 时，则认为该样本为异常数据，即：

$$M_\mathrm{O} = \left\{p\middle|\mathrm{KLOF}_k^{(s)}(p) \geqslant \Lambda\right\} \tag{2-27}$$

式中，M_O 为异常数据样本的集合。

2.2.3 风机主传动系统异常数据检测

风机通常运行在高山、高原、海上等地区，运行环境复杂多变，启/停机、转速大波动、电压不稳定、异物撞击等情况易产生干扰数据。这些干扰数据不但会降低数据质量，而且易导致风机运维管理系统误报警。因此，必须利用异常数据检测技术保障数据质量，以降低系统误报警率。如图 2-14 所示为某电力集团的 1.5 MW 风机主传动系统结构，由叶片、增速齿轮箱、发电机等部件组成。其中，发电机驱动端装有加速度振动传感器，监测驱动端轴承的健康状态。振动信号的采样频率为 25.6 kHz，每次采样时长为 4 s，采样间隔为 7。

图 2-14　某电力集团 1.5 MW 风机主传动系统结构

将基于 KLOF 的异常数据检测方法应用于风机主传动系统的异常数据检测，首先需要确定 k 的取值范围 $[k_{\min}, k_{\max}]$。设 $k_{\max} = 50$，由式（2-20）可知，当 $w_{\max} = l/6$ 时，能够满足异常数据的检测需求。由于高质量数据之间也存在一定差异，若 k 取值过小，将导致某些高质量数据的异常因子值大于 1，从而被误判为异常数据，因此需要分析 k 的取值下界，消除高质量数据波动对 LOF 计算的影响。如图 2-15 所示为某时刻风机离线历史数据的时域波形，该数据波形中不存在异常数据。利用长度为 1 000 的滑窗对其进行分割，并提取特征指标，从而得到高质量的数据样本集。当 $k \in [1,50]$ 时，根据式（2-19）计算各个样本的 LOF 值。统计不同 k 下 LOF 的最大值、均值、最小值，如图 2-16 所示。由图可知，当 $k < 10$ 时，LOF 的最大值、均值、最小值存在波动。因此，对于生成的高质量数据，当 $k_{\min}$ 设置为 10 时，可消除高质量数据的异常波动对 LOF 计算的影响。

图 2-15　某时刻风机离线历史数据的时域波形

图 2-16　LOF 的统计值随邻近数 k 的变化曲线

待检测的离线历史数据时域波形如图 2-17（a）所示。经计算，数据最优滑动分割窗窗长为 3 000，最优窗下获得的 KLOF 如图 2-17（b）所示。由于 2.62～2.83 s（对应窗序列 262～283）的 KLOF 超过阈值，因此判断这段数据存在异常。如图 2-17（a）所示，该标识时间段内数据发生了较为明显的数据漂移，表明基于 KLOF 的异常数据检测方法能够自动检测出离线历史数据中的异常数据，保障数据质量。

（a）待检测的离线历史数据时域波形　　　　　（b）最优窗下获得的 KLOF

图 2-17　离线历史数据及其 KLOF

2.3　基于张量 Tucker 分解的缺失数据恢复

在机械健康监测过程中，传感器脱落、数采板卡损坏、数据传输电缆出现断点、网络中断及异常数据剔除等现象都会产生数据缺失。缺失的数据一般以"Null Value""NaN"

或近似 0 值等形式存储在数据库中，这些数据丢失了机械装备的健康信息，损伤了数据的完整性和准确性，降低了监测数据的质量[14][15]。因此，需要研究缺失数据恢复方法，即利用历史数据与缺失数据的联系，补全丢失的健康信息，提高监测数据的质量。

张量是数据在高维空间内的一种表示方式，其 Tucker 分解是高阶主成分分析的一种形式，由学者 Tucker 提出并被广泛应用于图像视频处理、无线通信和生物医学等领域的高维数据信息挖掘[16]，取得了良好的效果。将张量引入机械健康监测领域，构建不同工况下机械监测数据的张量模型，有助于建立不同工况下机械监测数据之间的高维联系。对张量进行 Tucker 分解，可在挖掘不同工况下数据蕴含的机械装备状态信息后，利用张量补全缺失数据，完善机械装备健康信息，提高监测数据的质量。本节利用张量分解理论，构建机械监测数据的四维张量，并提出了一种基于张量 Tucker 分解的缺失数据恢复方法。

2.3.1 张量分解理论

1. 张量相关定义

张量是指由多个矢量空间乘积构造的多路阵列，如张量 $\overline{\boldsymbol{X}} \in \mathbb{R}^{I_1 \times I_2 \times \cdots \times I_N}$ 表示为 N 阶张量，可以将其看作标量、向量和矩阵向高维空间的推广。如图 2-18 所示分别表示了一阶、二阶、三阶张量，其中，三阶及以上的张量属于高阶张量。张量相关定义介绍如下[17][18]。

(a) 一阶张量（向量）

(b) 二阶张量（矩阵）　　(c) 三阶张量

图 2-18　一阶、二阶、三阶张量

1）张量纤维

张量纤维是指固定除某一下标以外的其他所有下标而形成的子张量。如图 2-19 所示，

对于三阶张量 $\overline{A} \in \mathbb{R}^{I_1 \times I_2 \times I_3}$，分别固定 I_1、I_2、I_3，依次得到用 $a_{:,j,k}$、$a_{i,:,k}$、$a_{i,j,:}$ 表示的列纤维、行纤维、管纤维。类似地，通过固定除两个下标以外的其他所有下标，可得到张量切片，如图 2-20 所示。

(a) 列纤维　　　　　(b) 行纤维　　　　　(c) 管纤维

图 2-19　三阶张量的纤维

(a) 水平切片　　　　(b) 侧向切片　　　　(c) 正面切片

图 2-20　三阶张量的切片

为避免在高维空间直接进行张量运算，一般采用张量向量化或张量矩阵化方法，即将张量首先转换为向量或矩阵，然后利用向量、矩阵相关运算获得张量空间运算结果。接下来，对缺失数据恢复方法中涉及的张量向量化、矩阵化，以及矩阵、张量相关运算的定义进行简单介绍。

2) 张量向量化

张量向量化是指将张量转换为向量的变换。例如，三阶张量 $\overline{A}$ 向量化后得到的向量 a 可表示为：

$$\boldsymbol{a}^{(I_1 I_2 I_3 \times 1)} = \begin{bmatrix} \text{Vec}(\overline{\boldsymbol{A}}_{:,:,1}) \\ \vdots \\ \text{Vec}(\overline{\boldsymbol{A}}_{:,:,I_3}) \end{bmatrix} \tag{2-28}$$

3）张量矩阵化

张量矩阵化又称为模式-n矩阵化，是将高维张量经过重新组织或排列展开为矩阵形式，从而实现降阶的一种变换。通过模式-n矩阵化，N阶张量$\overline{\boldsymbol{X}}$内元素$x_{i_1,i_2,\cdots,i_N}$转化为模式-$n$矩阵$\boldsymbol{X}_{(n)}$中的$x_{i_n,j}^{(I_n \times I_1 \cdots I_{n-1} I_{n+1} \cdots I_N)}$，且存在如下关系：

$$j = 1 + \sum_{k=1, k \neq n}^{N} \left[(i_k - 1) \prod_{m=1, m \neq n}^{k-1} I_m \right] \tag{2-29}$$

三阶张量的3个模式矩阵化过程如图2-21所示。三阶张量$\overline{\boldsymbol{A}}$内的元素数据与矩阵化后的矩阵元素存在如下关系：

$$\left(\overline{\boldsymbol{A}}_{(1)}\right)_{i_1,(i_2-1)I_3+i_3} = \left(\overline{\boldsymbol{A}}_{(2)}\right)_{i_2,(i_3-1)I_1+i_1} = \left(\overline{\boldsymbol{A}}_{(3)}\right)_{i_3,(i_1-1)I_2+i_2} = \overline{\boldsymbol{A}}_{i_1,i_2,i_3} \tag{2-30}$$

4）张量的秩

对于张量$\overline{\boldsymbol{X}} \in \mathbb{R}^{I_1 \times I_2 \times \cdots \times I_N}$，如果$\overline{\boldsymbol{X}}$能够表达成$R$个秩为1的张量相加，张量的秩即为$R$的最小值。

5）矩阵的Kronecker积

矩阵$\boldsymbol{A} \in \mathbb{R}^{m \times n}$，$\boldsymbol{B} \in \mathbb{R}^{p \times q}$，二者的Kronecker积为$mp \times nq$矩阵，表示如下：

$$\boldsymbol{A} \otimes \boldsymbol{B} = [\boldsymbol{a}_1 \boldsymbol{B}, \cdots, \boldsymbol{a}_n \boldsymbol{B}] = \begin{bmatrix} a_{11}\boldsymbol{B} & \cdots & a_{1n}\boldsymbol{B} \\ \vdots & \ddots & \vdots \\ a_{m1}\boldsymbol{B} & \cdots & a_{mn}\boldsymbol{B} \end{bmatrix} \tag{2-31}$$

6）矩阵的Khatri-Rao积

矩阵$\boldsymbol{A} \in \mathbb{R}^{p \times n}$，$\boldsymbol{B} \in \mathbb{R}^{q \times n}$，二者的Khatri-Rao积定义为$\boldsymbol{A} \odot \boldsymbol{B}$，表示为：

$$\boldsymbol{A} \odot \boldsymbol{B} = [\boldsymbol{a}_1 \otimes \boldsymbol{b}_1, \boldsymbol{a}_2 \otimes \boldsymbol{b}_2, \cdots, \boldsymbol{a}_n \otimes \boldsymbol{b}_n] \tag{2-32}$$

7）张量的Hadamard积

张量$\overline{\boldsymbol{X}}, \overline{\boldsymbol{Y}} \in \mathbb{R}^{I_1 \times I_2 \times \cdots \times I_N}$，二者的Hadamard积记作$\overline{\boldsymbol{X}} * \overline{\boldsymbol{Y}}$，表示为两个张量相同位置处元素的乘积，表达为：

$$\left(\overline{\boldsymbol{X}} * \overline{\boldsymbol{Y}}\right)_{i_1,i_2,\cdots,i_n} = \boldsymbol{X}_{i_1,i_2,\cdots,i_n} \boldsymbol{Y}_{i_1,i_2,\cdots,i_n} \tag{2-33}$$

图 2-21 三阶张量的 3 个模式矩阵化过程

8）张量的内积

张量 $\overline{X}, \overline{Y} \in \mathbb{R}^{I_1 \times I_2 \times \cdots \times I_N}$，二者的内积记作 $<\overline{X}, \overline{Y}>$，表示两个张量相同位置对应元素乘积的和。张量内积表达为：

$$\langle \overline{X}, \overline{Y} \rangle = \sum_{i_1} \sum_{i_2} \cdots \sum_{i_n} X_{i_1,i_2,\cdots,i_n} Y_{i_1,i_2,\cdots,i_n} \tag{2-34}$$

9）张量的 Frobenius 范数

张量 $\overline{X}$ 的 Frobenius 范数记作 $\| \overline{X} \|_F$，定义为：

$$\| \overline{X} \|_F = \sqrt{<\overline{X}, \overline{X}>} \tag{2-35}$$

10）张量 n-模式积

张量 $\overline{X} \in \mathbb{R}^{I_1 \times I_2 \times \cdots \times I_N}$，矩阵 $U \in \mathbb{R}^{J_n \times I_n}$，张量与矩阵的 n-模式积运算符号为 $\times_n$，表示如下：

$$(\overline{X} \times_n U)_{i_1,\cdots,i_{n-1},j,i_{n+1},\cdots,i_N} = \sum_{i_n=1}^{I_n} X_{i_1,i_2,\cdots,i_N} u_{j,i_n} \tag{2-36}$$

式中，$j = 1, 2, \cdots, j_n$。

11）秩为 1 的张量

对于张量 $\overline{X} \in \mathbb{R}^{I_1 \times I_2 \times \cdots \times I_N}$，若 $\overline{X}$ 能够表示为 $\overline{X} = x_1 \odot x_2 \odot \cdots \odot x_N$，且 $x_1, x_2, \cdots, x_N$ 为向量，

则称 $\overline{X}$ 是秩为 1 的张量。

2. 张量 Tucker 分解

张量不但能直观表达高维数据，还能最大限度地保持数据的内在联系。为揭示数据的内在联系，挖掘张量蕴含的信息，需要对张量进行分解。张量分解简化表达了张量结构，能够在保持多阶结构的同时，提取各阶主成分因子，从而挖掘张量蕴含的信息。张量分解主要包括 Tucker 分解和 CANDECOMP/PARAFAC（CP）分解[19]。其中，Tucker 分解为 CP 分解的一般形式，如高阶张量 $\overline{X}$ 的 Tucker 分解表示为：

$$\overline{X} \approx [\![\overline{G}; U_1, U_2, \cdots, U_N]\!] = \overline{G} \times_1 U_1 \times_2 U_2 \cdots \times_n U_N \tag{2-37}$$

式中，$\overline{X} \in \mathbb{R}^{I_1 \times I_2 \times \cdots \times I_N}$；核心张量 $\overline{G} \in \mathbb{R}^{J_1 \times J_2 \times \cdots \times J_N}$，且 $J_N < I_N$，保留了原张量的本质信息；矩阵 $U_n \in \mathbb{R}^{I_n \times J_n}$ 为因子矩阵，代表张量的各阶主分量，且 U_n 之间彼此正交；$\times_n$ 表示张量的 n-模式积，张量 $\overline{X}$ 与矩阵 V 的 n-模式积 $\overline{X} \times_n V$ 定义为：

$$\left(\overline{X} \times_n V\right)_{i_1, \cdots, i_{n-1}, j, i_{n+1}, \cdots, i_N} = \sum_{i_n=1}^{I_n} x_{i_1, i_2, \cdots, i_N} v_{j, i_n} \tag{2-38}$$

式中，$V \in \mathbb{R}^{J_n \times I_n}$；$j = 1, 2, \cdots, J_n$。例如，三阶张量 $\overline{A}$ 的 Tucker 分解表示为：

$$\overline{A} \approx [\![\overline{G}; A, B, C]\!] = \overline{G} \times_1 A \times_2 B \times_3 C \tag{2-39}$$

式中，核心张量秩 $\overline{G} \in \mathbb{R}^{J_1 \times J_2 \times J_3}$；$A$、$B$ 和 C 为因子矩阵，且 $A \in \mathbb{R}^{I_1 \times J_1}$，$B \in \mathbb{R}^{I_2 \times J_2}$，$C \in \mathbb{R}^{I_3 \times J_3}$。三阶张量的 Tucker 分解过程如图 2-22 所示。

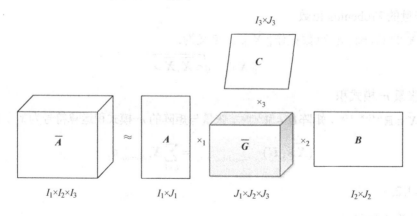

图 2-22 三阶张量的 Tucker 分解过程

式（2-39）对应的矩阵展开式表达为：

$$\begin{cases} \overline{A}_{(1)} = A\overline{G}_{(1)}(C \otimes B) \\ \overline{A}_{(2)} = B\overline{G}_{(2)}(C \otimes A) \\ \overline{A}_{(3)} = C\overline{G}_{(3)}(B \otimes A) \end{cases} \quad (2\text{-}40)$$

式中，三个结果值分别代表张量在三个不同模式下的主成分，且三者两两相互正交。当 $\overline{G}$ 在三个维度上的维数相等且为对角张量时，可推证 Tucker 分解可转化为 CP 分解，即 CP 分解是 Tucker 分解的一种特殊情况。

2.3.2 基于张量 Tucker 分解的缺失数据恢复方法

基于张量 Tunker 分解的缺失数据恢复方法流程如图 2-23 所示[20]。该方法首先构建了"转速×时窗×小波尺度×时间"的四阶张量，从而建立了多转速监测数据的直观表达及多转速数据的高维联系，然后利用张量分解挖掘监测数据中蕴含的机械健康信息，最后重构张量，实现缺失数据的恢复，具体步骤如下。

图 2-23　基于张量 Tucker 分解的缺失数据恢复方法流程

（1）建立监测数据的四阶张量表达。首先，利用滑动矩形窗将不同转速 n_r 的监测数据分割为多个时窗段，并在各个时窗段内分割缺失数据与高质量数据。之后，利用"db4"小波对各个窗内的数据进行多尺度分解，分解层数为 3，从而得到不同尺度的小波系数，分别记为 d_1、d_2、d_3、a_3。最后构建"转速×时窗×小波尺度×时间"的四阶张量 $\overline{X}$，且 $\overline{X} \in \mathbb{R}^{I_1 \times I_2 \times I_3 \times I_4}$。机械装备监测数据的四阶张量构建过程如图 2-24 所示。

图 2-24 机械装备监测数据的四阶张量构建过程

（2）设定加权张量 $\overline{W}$、最大迭代次数 s_{max}、收敛精度 ζ、阈值 υ 和核心张量秩等参数。其中 $\overline{W}$ 可表示为：

$$\overline{W}_{i_1,i_2,i_3,i_4} = \begin{cases} 1, & \overline{X}_{i_1,i_2,i_3,i_4} \text{值未缺失} \\ 0, & \overline{X}_{i_1,i_2,i_3,i_4} \text{值缺失} \end{cases} \quad (2\text{-}41)$$

即在张量 $\overline{X}$ 值缺失处，加权张量 $\overline{X}$ 值为 0；在张量 $\overline{X}$ 值未缺失处，加权张量值为 1。缺失数据恢复等价于寻找矩阵 $A \in \mathbb{R}^{I_1 \times J_1}$、$B \in \mathbb{R}^{I_2 \times J_2}$、$C \in \mathbb{R}^{I_3 \times J_3}$ 和 $D \in \mathbb{R}^{I_4 \times J_4}$，使如下目标函数

最小：

$$L_{\overline{W}}(\overline{G}, A, B, C, D) = \frac{1}{2} \left\| \overline{W}(\overline{X} - \overline{G} \times_1 A \times_2 B \times_3 C \times_4 D) \right\|_F^2 \qquad (2\text{-}42)$$

式中，$\|\cdot\|_F$ 表示 Frobenius 范数。式（2-42）表示根据张量 $\overline{X}$ 的已知部分获得整个张量的近似 Tucker 分解，利用分解后得到的 A、B、C 和 D 和 $\overline{G}$ 重构整个张量。此外，s_{max} 设置为 1 000，$\zeta = 10^{-8}$，$\upsilon = 10^{-8\,[21]}$。为确定核心张量秩的大小，首先选取某段已知数据，然后利用不同大小的秩作为核心张量秩对数据进行恢复，选择恢复数据与该段数据吻合程度最高的秩作为核心张量秩。

（3）初始化矩阵 A、B、C 和 D。对张量 $\overline{X}$ 进行高阶奇异值分解得到上述矩阵的初始值，并记为 A_0、B_0、C_0 和 D_0。

（4）初始化 $\overline{G}$。令式（2-43）等于 0，可求得 $\overline{G}$ 的初始化值 $\overline{G}_0$。

$$\frac{\partial L_{\overline{W}}}{\partial \overline{G}} = (\overline{N} - \overline{M}) \times_1 A_0^T \times_2 B_0^T \times_3 C_0^T \times_4 D_0^T \qquad (2\text{-}43)$$

式中，$\overline{M} = \overline{W}\overline{X}$；$\overline{N} = \overline{W}(\overline{G} \times_1 A_0 \times_2 B_0 \times_3 C_0 \times_4 D_0)$。

（5）基于梯度下降算法迭代计算 A、B、C 和 D，可求得目标函数对各个参数的偏导如下所示：

$$\frac{\partial L_{\overline{W}}}{\partial A} = (\overline{N}_{(1)} - \overline{M}_{(1)})(D \otimes C \otimes B)\overline{G}_{(1)}^T \qquad (2\text{-}44)$$

$$\frac{\partial L_{\overline{W}}}{\partial B} = (\overline{N}_{(2)} - \overline{M}_{(2)})(D \otimes C \otimes A)\overline{G}_{(2)}^T \qquad (2\text{-}45)$$

$$\frac{\partial L_{\overline{W}}}{\partial C} = (\overline{N}_{(3)} - \overline{M}_{(3)})(D \otimes B \otimes A)\overline{G}_{(3)}^T \qquad (2\text{-}46)$$

$$\frac{\partial L_{\overline{W}}}{\partial D} = (\overline{N}_{(4)} - \overline{M}_{(4)})(C \otimes B \otimes A)\overline{G}_{(4)}^T \qquad (2\text{-}47)$$

式中，$\overline{N}_{(\cdot)}$ 为张量 $\overline{N}$ 的不同模式水平展开。

（6）利用下式计算每次迭代后的 $\overline{G}$：

$$\overline{G} = \overline{X} \times_1 A^T \times_2 B^T \times_3 C^T \times_4 D^T \qquad (2\text{-}48)$$

（7）判断以下三个条件中任意一个是否成立：①达到设定的迭代次数 s_{max}；②目标函数迭代第 s 次与第 $s-1$ 次的差值 $\Delta L_{\overline{W}}$ 小于 ζ；③迭代第 s 次与第 $s-1$ 次的核心张量秩之差的 Frobenius 范数 $\Delta \overline{G}$ 满足：

$$\Delta \overline{G} = \left\| \overline{G}_k - \overline{G}_{k-1} \right\|_F < \upsilon \tag{2-49}$$

若以上三个条件均不成立,令 $s = s+1$,并返回第(5)步;否则,迭代停止。再根据第 s 次迭代获得的 A_k、B_k、C_k、D_k 和 $\overline{G}_k$,重构张量并获得恢复的数据为:

$$\widetilde{X} = \overline{G}_k \times_1 A_k \times_2 B_k \times_3 C_k \times_4 D_k \tag{2-50}$$

2.3.3 齿轮箱缺失数据恢复

利用如图 2-25 所示的多级齿轮传动系统实验台设计实验来验证基于张量 Tucker 分解的缺失数据恢复方法。该实验台主要由动力、传动、负载、测试等部分组成。动力部分包括控制器和驱动电动机,实现电动机转速控制传动部分由两级行星齿轮箱和定轴齿轮箱组成,实现减速传动。负载部分由磁粉制动器组成,可通过编程实现变负载控制。测试部分包括扭矩传感器、编码器、振动传感器等。扭矩传感器通过联轴器安装在驱动电动机和行星齿轮箱之间。编码器安装在输出轴末端。在实验过程中,电动机转速依次设置为 1 200 r/min、1 800 r/min、2 400 r/min 和 3 000 r/min。将振动传感器 1 安装在定轴齿轮箱的轴承端盖上以采集振动数据,采样频率为 6.4 kHz,采样时长为 40 s。当转速设置为 1 200 r/min,采样时刻分别为 10 s、20 s 和 30 s 时,迅速拔下并重新安装振动传感器 1,以模拟传感器松动导致的数据缺失。紧邻振动传感器 1 的左侧位置安装振动传感器 2,采样频率与采样时长等参数均与振动传感器 1 相同。振动传感器 2 采集了整个实验过程中的数据,用来验证基于张量 Tucker 分解的缺失数据恢复方法对振动传感器 1 数据的恢复效果。

图 2-25 多级齿轮传动系统实验台

当转速为 1 200 r/min 时，振动传感器 1 的振动数据时域波形如图 2-26（a）所示，可以看出，在传感器松动时刻（10 s、20 s、30 s）附近存在数据缺失及操作干扰引起的异常数据。由图 2-26（b）可知，缺失处的数据幅值近似为 0，数据缺失段几乎不包含齿轮传动系统的健康信息，利用式（2-51）计算数据的缺失率：

$$r = \frac{L_1}{L_2} \tag{2-51}$$

式中，L_1 表示缺失数据段总长度；L_2 为总数据段长度。经计算，当恢复数据缺失率达到 25% 时，数据质量较低。振动传感器 2 采集的数据如图 2-27 所示，振动传感器 2 完整采集了实验过程中的数据。对比两个振动传感器无缺失数据段的局部时域波形，如图 2-28 所示，二者的波形吻合程度高，表明振动传感器 2 数据可用于验证振动传感器 1 数据的恢复效果。当转速分别为 1 800 r/min、2 400 r/min 和 3 000 r/min 时，振动传感器 1 的数据如图 2-29 所示。这三组数据均不含缺失数据。相比转速为 1 200 r/min 时的振动传感器 1 数据，它们包含更加完整的齿轮传动系统健康信息。

(a) 时域波形　　　　　　　　　　　(b) 局部时域波形

图 2-26　转速为 1 200 r/min 时振动传感器 1 数据时域波形

图 2-27　转速为 1 200 r/min 时振动传感器 2 数据时域波形

图 2-28 转速为 1 200 r/min 时振动传感器 1 与振动传感器 2 数据局部时域波形

(a) 转速为 1 800 r/min 时振动传感器 1 数据时域波形

(b) 转速为 2 400 r/min 时振动传感器 1 数据时域波形

(c) 转速为 3 000 r/min 时振动传感器 1 数据时域波形

图 2-29 不同转速下的振动传感器 1 数据时域波形

建立多转速监测数据的四阶张量表达,并利用基于张量 Tucker 分解的缺失数据恢复方法对缺失数据进行恢复。设置滑动窗的长度为 6 400,将监测数据分割为不同的时窗段,则转速 1 200 r/min 时振动传感器 1 的缺失数据位于采样时刻第 10 s、20 s、30 s 附近。如图 2-30（a）所示给出了基于张量 Tucker 分解的缺失数据恢复方法恢复的数据及对应振动传感器 2 数据的局部时域波形。为体现该方法的优势,另使用差分整合移动平均自回归模型（Autoregressive Integrated Moving Average Model，ARIMA）和支持向量回归（Support Vector Regression，SVR）对缺失数据进行恢复,结果如图 2-30（b）和（c）所示。可以看出,相比于 ARIMA 和 SVR,基于张量 Tucker 分解的缺失数据恢复方法恢复的数据与振动传感器 2 数据的波形吻合程度更高。

（a）利用基于张量 Tucker 分解的缺失数据恢复方法恢复数据

（b）利用 ARIMA 方法恢复数据

（c）利用 SVR 方法恢复数据

图 2-30　利用不同方法恢复的数据与振动传感器 2 数据的局部时域波形对比

通过缺失数据的恢复值与对应振动传感器2数据间的均方根误差（Root Mean Square Error，RMSE）评价数据恢复效果。利用不同方法恢复缺失数据的RMSE值如表2-1所示。利用基于张量Tucker分解的缺失数据恢复方法恢复数据的RMSE值小于ARIMA和SVR方法，表明恢复后的数据包含更加完整的齿轮传动系统健康信息，提高了监测数据质量。

表 2-1 利用不同方法恢复缺失数据的 RMSE 值

异常数据段	采样时刻/s	RMSE/g		
		ARIMA	SVR	利用基于张量 Tucker 分解的缺失数据恢复方法
1	9～10	0.125 6	0.124 2	0.091 5
2	10～11	0.126 2	0.123 2	0.084 0
3	11～12	0.125 6	0.122 2	0.070 9
4	19～20	0.123 2	0.117 7	0.078 1
5	20～21	0.121 6	0.113 3	0.100 2
6	21～22	0.122 9	0.111 5	0.078 3
7	29～30	0.121 9	0.124 7	0.072 8
8	30～31	0.125 6	0.125 7	0.080 0
9	31～32	0.126 0	0.129 5	0.083 9
10	32～33	0.123 2	0.127 7	0.077 9

本章小结

本章围绕机械监测大数据的异常数据监测与缺失数据恢复，研究了数据质量保障方法，为机械装备智能故障诊断与剩余寿命预测夯实了数据基础。首先，针对在线监测流数据，提出了基于 UKF 的流数据异常检测方法，采用滤波递归的方式对机械监测流数据进行滤波估计，实现了流数据中异常数据的快速高效检测。然后，围绕离线历史数据，提出了基于 KLOF 的异常数据检测方法，通过引入 Nadaraya-Watson 回归对传统 LOF 进行了加权估计，解决了传统方法无法准确描述复杂特征数据异常程度的问题，实现了离线历史数据中异常数据的筛除。最后，提出了基于张量 Tucker 分解的缺失数据恢复方法，通过"转速×时窗×小波尺度×时间"的四维张量，建立了不同转速下监测数据在高维空间的联系，重新构建出完整张量，进而恢复了缺失数据，保障了智能运维的数据质量。

参考文献

[1] 雷亚国，贾峰，孔德同，等. 大数据下机械智能故障诊断的机遇与挑战[J]. 机械工程学报，2018，54(5): 94-104.

[2] AUGER F, HILAIRET M, GUERRERO J M, et al. Industrial applications of the Kalman filter: A review[J]. IEEE Transactions on Industrial Electronics, 2013, 60(12): 5458-5471.

[3] GARCIA R V, PARDAL P, KUGA H K, et al. Nonlinear filtering for sequential spacecraft attitude estimation with real data: cubature Kalman filter, unscented Kalman filter and extended Kalman filter[J]. Advances in Space Research, 2019, 63(2): 1038-1050.

[4] 赵琳，王小旭. 非线性系统滤波理论[M]. 北京：国防工业出版社，2012.

[5] 王昱，蒋唯娇. 基于UKF的恒星相机高精度姿态确定方法[J]. 光子学报，2020，49(1): 146-153.

[6] PARIS P, ERDOGAN F. A critical analysis of crack propagation laws[J]. Journal of Basic Engineering, 1963, 85(4): 528-533.

[7] LI N, LEI Y, LIU Z, et al. A particle filtering-based approach for remaining useful life predication of rolling element bearings[C]//IEEE International Conference on Prognostics and Health Management in Cheney, USA, June 22-25, 2014.

[8] NECTOUX P, GOURIVEAU R, MEDJAHER K, et al. Varnier C. PRONOSTIA: An experimental platform for bearings accelerated degradation tests[C]//IEEE International Conference on Prognostics and Health Management in Denver, USA, June 18-21, 2012.

[9] BREUNIG M M, KRIEGEL H-P, NG R T, et al. LOF: Identifying density-based local outliers[C]//ACM SIGMOD International Conference on Management of Data in Dallas, USA, May 16-18, 2000: 93-104.

[10] LATECKI L J, LAZAREVIC A, POKRAJAC D. Outlier detection with kernel density functions[C]//International Workshop on Machine Learning and Data Mining in Pattern Recognition in Leipzig, Germany, July 18-20, 2007: 61-75.

[11] GAO J, HU W, LI W, et al. Local outlier detection based on kernel regression[C]//IEEE

International Conference on Pattern Recognition in Istanbul, Turkey, Augest 23-26, 2010.

[12] NADARAYA E. On estimating regression[J]. Theory of Probability & Its Applications, 1964, 9(1): 141-142.

[13] XU X, LEI Y, LI Z. An Incorrect Data Detection Method for Big Data Cleaning of Machinery Condition Monitoring[J]. IEEE Transactions on Industrial Electronics, 2020, 67(3): 2326-2336.

[14] LEE J, KAO H A, YANG S. Service innovation and smart analytics for industry 4.0 and big data environment[J]. Procedia CIRP, 2014, 16: 3-8.

[15] JABŁOŃSKI A, BARSZCZ T, BIELECKA M. Automatic validation of vibration signals in wind farm distributed monitoring systems[J]. Measurement, 2011, 44(10): 1954-1967.

[16] CICHOCKI A, MANDIC D, LATHAUWER L D, et al. Tensor decompositions for signal processing applications: From two-way to multiway component analysis[J]. IEEE Signal Processing Magazine, 2015, 32(2): 145-163.

[17] 张贤达. 矩阵分析与应用（第2版）[M]. 北京：清华大学出版社，2013.

[18] CICHOCKI A, ZDUNEK R, PHAN A H, et al. Nonnegative Matrix and Tensor Factorizations: Applications to Exploratory Multi-Way Data Analysis and Blind Source Separation[M]. Hoboken, NJ: Wiley, 2009.

[19] KOLDA T G, BADER B W. Tensor decompositions and applications[J]. SIAM Review, 2009, 51(3): 455-500.

[20] 雷亚国，许学方，蔡潇，等. 面向机械装备健康监测的数据质量保障方法研究[J]. 机械工程学报，2021，57(4)：1-9.

[21] ACAR E, DUNLAVY D M, KOLDA T G, et al. Scalable tensor factorizations for incomplete data[J]. Chemometrics and Intelligent Laboratory Systems, 2011, 106(1): 41-56.

第 3 章

基于传统机器学习的机械装备智能故障诊断

机械装备在长期运行过程中，故障不可避免，而且故障信息蕴含在机械装备的监测信号中，有效捕获这些故障信息进而判断机械装备的健康状态，是基于机械装备运行行为进行故障诊断的核心任务。传统故障诊断通过"眼观、耳听、手触"等人为简易诊断手段或结合先进的信号处理方法，识别机械装备对外释放的独有特征，并结合长期积累的专家经验知识，判断这些特征对应的机械装备健康状态，实现机械装备的健康监测与故障诊断。然而，人为简易诊断手段费时费力，而且诊断精度不高；基于信号处理的故障诊断对技术人员乃至用户的专业知识储备提出了较高要求，如果知识储备不够，就难以解析诊断结果[1][2]。因此，机械装备智能故障诊断应运而生，它利用机器学习理论，将传统诊断过程中的人为判断转换为计算机分析数据，通过构建智能诊断模型，建立机械装备的监测数据特征与健康状态之间的映射关系，实现机械装备健康状态的自动判别[3][4]。智能故障诊断不仅减少了人为主观判断的干扰，提高了诊断精度，而且降低了技术人员与用户的应用门槛，提供了直观、易懂的结果呈现模式，已成为工程实际中保障机械装备安全运行的重要手段。

基于传统机器学习的机械装备智能故障诊断流程如图 3-1 所示，主要包括数据采集、特征提取与选择、健康状态识别[3]。为全面掌握机械装备的健康状态，工程实际中经常依靠多物理源传感网络，采集机械装备的多源监测信号，如振动、声发射、转速、温度、电流等。为解析多源监测信号中机械装备的健康信息，需要凭借统计分析手段，如时域分析、频域分析、时频域分析等,提取信号的统计特征,再利用特征选择技术,如主分量分析、距离评估技术、信息熵等,剔除多维特征中的冗余或不相关特征,选择对机械装备健康状态变化敏感的特征,避免"维数灾难",提高智能诊断效率。为自动识别机械装备的健康状态,需要结合人工神经网络(Artificial Neural Network,ANN)、SVM 等机器学习方法,构建智能诊断模型,建立所选择的敏感特征与机械装备健康状态之间的映射关系。本章首先简要回顾了智能诊断模型构建过程中常用的 ANN 与 SVM,并通过实际案例总结了智能故障诊断的一般步骤,然后阐述了混合智能诊断的基本原理,并介绍了混合智能诊断模型及其应用。

图 3-1 基于传统机器学习的机械装备智能故障诊断流程

3.1 基于人工神经网络的智能故障诊断

ANN 的研究最早可追溯到 1943 年 McCulloch 与 Pitts 抽象的 M-P 神经元模型。该模型通过模拟生物神经元的基本生理特征执行逻辑功能,标志着 ANN 研究时代的正式开启。随后 Rosenblatt 在 1957 年首次提出了能够模拟人类感知能力的感知机,极大地推动了神经网络的研究。到了 20 世纪 60 年代初期,自适应线性元的提出更是掀起了 ANN 研究的热潮。然而不久之后,Minsky 和 Papert 从数学上证明了以感知机为代表的单层神经网络无法处理简单的异或等线性不可分问题,导致此后对 ANN 的研究长期停滞不前,陷入低谷。直至 1982 年,Hopfield 提出 Hopfield 神经网络模型,并引入"计算能量"概念,给出了网络稳定性判断，掀起了 ANN 研究的第二次热潮。随后 Rumelhart、Hinton 与 Williams 发明了误差反向传播算法，系统地解决了多隐层神经网络连接的权值学习问题，并在数学上给出了完整的推导，推动了 ANN 的实际应用[5]。目前，ANN 的应用范围广泛，涵盖语音识别、图像识别、智慧医疗、智能机器人等多个领域。

3.1.1 人工神经网络基本原理

1. 神经元模型

神经元模型是 ANN 中的基本处理单元，单个神经元模型相互连接，构成了神经网络系统[6]。在生物连接中，神经元与其他神经元通过突触连接，当它兴奋时，会向其他神经元传递化学物质，改变它们的电位值，当电位超过一定阈值时，神经元被激活。为模拟生物神经元的这一基本生理特征，构建了如图 3-2 所示的神经元模型，在该模型中，神经元接收来自其他 n 个神经元传递过来的输入信号，将这些信号通过加权求和连接起来进行传递，神经元将接收到的总输入值与阈值进行比较，再通过激活函数处理给出适当的输出。

图 3-2 神经元模型

非线性激活函数是神经元模型的核心，用于控制输入对模型输出的激活作用，可将无限定义域的输入通过函数变换限定为有限范围内的输出。带激活函数的模型输出一般表示为：

$$y = g\left(\sum_i \omega_i x_i + b\right) \tag{3-1}$$

式中，x_i 为来自第 i 个神经元的输入；ω_i 为第 i 个神经元的连接权值；b 为偏置；$g(\cdot)$ 为非线性激活函数。典型的神经元激活函数有阶跃函数、分段线性函数、Sigmoid 函数等。

2. 反向传播网络

反向传播网络（Back Propagation Neural Network，BPNN）是应用最为广泛的 ANN 模型，是一种基于误差反向传播算法进行监督训练的多层感知机，其训练过程由前向传播与反向传播组成[7]。在前向传播中，输入信号经隐层神经元逐层处理，并通过输出层输出；在反向传播中，若实际输出与期望输出不符，则将误差信号沿正向传播路线返回，并逐层更新各层神经元的连接权值，最小化实际输出与期望输出之间的误差。

如图 3-3 所示，单隐层 BPNN 由输入层、隐层与输出层组成。其中，输入层有 d 个神经元，隐层有 q 个神经元，输出层有 l 个神经元，若给定训练集为 $D = \{(\boldsymbol{x}_i, \boldsymbol{y}_i) | \boldsymbol{x}_i \in \mathbb{R}^d, \boldsymbol{y}_i \in \mathbb{R}^l, i = 1, 2, \cdots, m\}$，则隐层神经元的输出为：

$$x_j^h = \sigma^h \left(\sum_{i=1}^d \omega_{i,j}^h x_i + b_j^h \right) \tag{3-2}$$

式中，$\omega_{i,j}^h$ 为输入层第 i 个神经元与隐层第 j 个神经元之间的连接权值；b_j^h 为隐层第 j 个神经元的偏置；$\sigma^h(\cdot)$ 为隐层神经元的激活函数。输出层神经元的实际输出为：

$$\hat{y}_j = \sigma^o \left(\sum_{i=1}^q \omega_{i,j}^o x_i^h + b_j^o \right) \tag{3-3}$$

式中，$\omega_{i,j}^o$ 为隐层第 i 个神经元与输出层第 j 个神经元之间的连接权值；b_j^o 为输出层第 j 个神经元的偏置；$\sigma^o(\cdot)$ 为输出层神经元的激活函数。对于训练样本 $(\boldsymbol{x}_k, \boldsymbol{y}_k)$，若给定神经网络的实际输出为 $\hat{\boldsymbol{y}}^k = \{\hat{y}_i^k | i = 1, 2, \cdots, l\}$，则网络训练的目标函数为：

$$\min_{\boldsymbol{\omega}, \boldsymbol{b}} \quad E_k = \frac{1}{2} \sum_{i=1}^l \left(\hat{y}_i^k - y_i^k \right)^2 \tag{3-4}$$

上式通过更新 BPNN 的连接权值 $\boldsymbol{\omega}$ 与偏置 $\boldsymbol{b}$，使网络实际输出与期望输出之间的差异最小，为达到这一目的，采用误差反向传播算法更新网络参数。该算法基于梯度下降策略，沿目标函数的负梯度方向对参数进行调整，即

$$\boldsymbol{\omega} \leftarrow \boldsymbol{\omega} - \eta \frac{\partial E_k}{\partial \boldsymbol{\omega}}, \quad \boldsymbol{b} \leftarrow \boldsymbol{b} - \eta \frac{\partial E_k}{\partial \boldsymbol{b}} \tag{3-5}$$

式中，η 为学习率。学习率较大时，能够提高 BPNN 训练的收敛速度，但易引起振荡；学习率较小时，网络训练的收敛速度变慢。

图 3-3 单隐层 BPNN

3.1.2 机车轮对轴承智能故障诊断

故障诊断依据专家经验知识判断故障特征所对应的机械装备健康状态，其实质是模式识别问题。ANN 具有并行分布式处理、联想记忆、自组织及自学习能力，在一定程度上能够替代专家的经验知识积累，构建故障特征与机械装备健康状态之间的非线性映射关系，实现智能故障诊断。下面通过机车轮对滚动轴承诊断实例介绍 ANN 在故障诊断领域的应用。

1. 数据介绍

滚动轴承数据集源自 552732QT 型机车轮对轴承，该轴承安装在如图 3-4 所示的机车轴承测试台架上[8]。在试验过程中，液压马达驱动被测轴承旋转，液压缸施加径向载荷，在加载模块外侧安装有加速度传感器，获取被测轴承在运行过程中的振动信号。被测轴承包括 9 种健康状态：正常、外圈故障、内圈故障、滚动体故障、外圈与内圈的复合故障、外圈与滚动体的复合故障、内圈与滚动体的复合故障，以及外圈、滚动体与内圈的复合故障。每种健康状态的样本均在转速约 500 r/min、径向负载约 9 800 N 下采集，采样频率设置为 12.8 kHz。数据集共有样本 450 个。每种健康状态下的样本为 50 个。每个样本包含 8 192 个采样点。

图 3-4　机车轴承测试台架结构

2. 特征提取与选择

通过集成经验模式分解（Ensemble Empirical Mode Decomposition，EEMD）将每个样本分解为多个本征模态分量（Intrinsic Mode Function，IMF）。考虑到并非所有的 IMF 均对轴承健康状态的变化敏感，因此根据峭度指标选择敏感 IMF，具体步骤如下。

（1）假设每个样本经 EEMD 分解为 I 个 IMF，计算每个 IMF 的峭度值。第 s 个样本的第 i 个 IMF 的峭度值为：

$$k_{i,s} = \frac{N\sum_{n=1}^{N}\left(a_{n,i}-\bar{a}_i\right)^4}{\left[\sum_{n=1}^{N}\left(a_{n,i}-\bar{a}_i\right)^2\right]^2}, \quad n=1,2,\cdots,N, \; i=1,2,\cdots,I, \; s=1,2,\cdots,S \tag{3-6}$$

式中，$a_{n,i}$ 是第 i 个 IMF 的第 n 个数据点；$\bar{a}_i$ 为第 i 个 IMF 的数据均值。

（2）计算每个 IMF 的峭度值均值和标准差为：

$$\begin{cases} \bar{k}_i = \dfrac{1}{S}\sum_{s=1}^{S} k_{i,s} \\ \varsigma_i = \sqrt{\dfrac{1}{(S-1)}\sum_{s=1}^{S}\left(k_{i,s}-\bar{k}_i\right)^2} \end{cases} \tag{3-7}$$

（3）构造敏感 IMF 的选择策略：

$$U_i = \begin{cases} \bar{k}_i \cdot \varsigma_i, & \text{正常状态样本} \\ \dfrac{\varsigma_i}{\bar{k}_i}, & \text{故障状态样本} \end{cases} \tag{3-8}$$

对于正常状态的样本，IMF 的峭度值较小；对于故障状态下的样本，IMF 的峭度值较大。因此，正常样本的 IMF 峭度均值小于故障样本，而且当 IMF 峭度标准差较小时，故障样本与正常样本更易区分。U_i 越小，IMF 对轴承健康状态的变化越敏感。

选取 U_i 最小的 IMF，并提取 4 种时域特征——标准差、峭度、波形指标、脉冲指标，6 种频域特征——频谱均值、频谱均方根、频谱标准差、外圈特征频率峰值比、内圈特征频率峰值比、滚动体特征频率峰值比，以此作为 ANN 的输入。

3. 健康状态识别

利用 BPNN 构建智能诊断模型，包括输入层、隐层与输出层。其中，输入层有 10 个神经元，隐层有 12 个神经元，输出层有 9 个神经元。随机选取 50%的样本，即 225 个样本，对智能诊断模型进行训练，剩余 50%的样本对模型的诊断性能进行测试。为分析不同形式的激活函数对 ANN 诊断模型性能的影响，另选取径向基函数与小波基函数替代 BPNN 中神经元的激活函数，分别构建基于径向基网络（Radial Basis Function Neural Network，RBFNN）和小波神经网络（Wavelet Neural Network，WNN）的智能诊断模型，并在相同的模型参数配置下训练模型。三种基于 ANN 的智能诊断模型的诊断精度如表 3-1 所示。可以看出，基于 BPNN 的智能诊断模型对测试样本集的识别精度为 67.56%，显著低于另外两种诊断模型的训练精度，说明基于 BPNN 的智能诊断模型在健康状态识别问题中存在严重的过拟合现象。而基于 RBFNN 和 WNN 的智能诊断模型在测试样本集上的诊断精度分别为 78.67%与 91.56%，说明基函数的映射特性能够改变 ANN 的学习能力。

表 3-1　基于 ANN 的智能诊断模型的诊断精度（%）

	BPNN	RBFNN	WNN
训练集	100	100	100
测试样本集	67.56	78.67	91.56

3.2　基于支持向量机的智能故障诊断

SVM 的研究最早可追溯到 20 世纪 60 年代，是 Vapnik 等学者基于广义肖像法发展而来的一种分类器。随着 VC 维（Vapnik-Chervonenkis Dimension）的提出，SVM 逐渐被理论化为统计学习的一部分，成为专门用于解决小样本情况下机器学习问题的有力工具[9]。到了 1992 年，Vapnik 等学者通过该方法得到了非线性 SVM，随后于 1995 年提出了软间隔的非线性 SVM，由于其在手写字符识别问题中显示出了卓越的性能，因此很快取代 ANN

成为机器学习领域的主流技术[10],并在 2000 年前后掀起了统计学习研究的热潮[6]。现有 ANN 等机器学习方法往往需要利用足够多的典型数据样本训练模型,使之具有较好的泛化性能,然而在实际应用中,算法性能却不尽如人意,究其原因在于实际应用中的可用样本数量有限,难以有效训练网络模型。统计学习理论为研究和解决小样本下的机器学习问题提供了统一的框架,在这一理论上发展而来的 SVM 有望解决 ANN 研究中面临的可用训练样本不足、模型可解释性不强等问题。

3.2.1 支持向量机基本原理

给定训练数据集 $D=\{(\boldsymbol{x}_i,y_i)|i=1,2,\cdots,m\}$,$y_i \in \{-1,+1\}$,若 $\boldsymbol{x}_i \in \mathbb{R}^n$,则分类任务旨在寻找 $n-1$ 维超平面 $f(x)$ 以区分不同类别的样本。

$$f(\boldsymbol{x})=\boldsymbol{\omega}^{\mathrm{T}}\boldsymbol{x}+b=0 \tag{3-9}$$

式中,ω 为分类超平面的法向量;b 是超平面的位移项,决定了超平面与原点之间的距离。为了将两类样本分开,分类超平面应该满足如下条件:

$$y_i f(\boldsymbol{x}_i)=y_i(\boldsymbol{\omega}^{\mathrm{T}}\boldsymbol{x}_i+b) \geq 1 \tag{3-10}$$

若训练集中所有样本均能被某超平面正确分开,而且与超平面最近的不同类样本之间距离最大,即边缘间距最大化,则该超平面为最优超平面。训练集中与最优超平面最近的不同类样本称为支持向量,一组支持向量可以唯一确定一个超平面。SVM 旨在寻找最优超平面,以提高学习模型的泛化性能。SVM 示意如图 3-5 所示[11]。

图 3-5 SVM 示意

1. 线性 SVM

在图 3-5 中,两个不同类支持向量到超平面的距离之和为:

$$\gamma = \frac{2}{\|\boldsymbol{\omega}\|} \tag{3-11}$$

寻找最大间隔划分超平面,即确定超平面参数 $\boldsymbol{\omega}$ 与 b,使 γ 最大,因此存在优化问题:

$$\min_{\boldsymbol{\omega},b} \frac{1}{2}\|\boldsymbol{\omega}\|^2 \\ \text{s.t.} \quad y_i(\boldsymbol{\omega}^\mathrm{T}\boldsymbol{x}_i + b) \geq 1, \quad i=1,2,\cdots,m \tag{3-12}$$

式(3-12)可通过拉格朗日算子法转换为其"对偶问题"求解,且须满足 KKT (Karush-Kuhn-Tucker)条件。由此,可得优化目标:

$$\max_{\boldsymbol{\alpha}} \sum_{i=1}^{m}\alpha_i - \frac{1}{2}\sum_{i=1}^{m}\sum_{j=1}^{m}\alpha_i\alpha_j y_i y_j \boldsymbol{x}_i^\mathrm{T}\boldsymbol{x}_j \\ \text{s.t.} \quad \sum_{i=1}^{m}\alpha_i y_i = 0, \quad \alpha_i \geq 0, \quad i=1,2,\cdots,m \tag{3-13}$$

求解出拉格朗日算子 α 后,可得最优超平面:

$$f(\boldsymbol{x}) = \mathrm{sgn}\left(\sum_{i,j=1}^{m}\alpha_i y_i \boldsymbol{x}_i^\mathrm{T}\boldsymbol{x}_j + b\right) \tag{3-14}$$

2. 软间隔

当样本集中存在噪点时,线性 SVM 难以获得一个能够将所有不同类别的样本均正确划分开的最优超平面,即使这样的超平面存在,也无法排除过拟合问题。因此,引入"软间隔"的概念,区别于约束于式(3-10)的"硬间隔",软间隔允许 SVM 误分少量样本。通过引入松弛因子 ξ_i,描述间隔与被误分的样本之间的距离,可得软间隔下线性 SVM 的优化目标为:

$$\min_{\boldsymbol{\omega},b} \frac{1}{2}\|\boldsymbol{\omega}\|^2 + C\sum_{i=1}^{m}\xi_i \\ \text{s.t.} \quad y_i(\boldsymbol{\omega}^\mathrm{T}\boldsymbol{x}_i + b) \geq 1 - \xi_i, \quad \xi_i \geq 0, \quad i=1,2,\cdots,m \tag{3-15}$$

式中,C 为惩罚因子。

3. 非线性 SVM

对于非线性分类问题，首先利用非线性映射将样本集从原空间映射至高维特征空间，再在高维空间内求最优超平面。非线性 SVM 运用核函数实现了样本的高维映射，根据泛函的有关理论，核函数 $k(\boldsymbol{x},\boldsymbol{y})=\langle\Phi(\boldsymbol{x}),\Phi(\boldsymbol{y})\rangle$ 满足 Mercer 条件，且对应某一变换空间的内积。因此，采用适当的核函数 $k(\boldsymbol{x},\boldsymbol{y})$ 即可求解某一非线性变换后的最优超平面，进而实现非线性分类。基于式（3-13），可得非线性 SVM 的优化目标函数为：

$$\max_{\alpha} \sum_{i=1}^{m}\alpha_i - \frac{1}{2}\sum_{i=1}^{m}\sum_{j=1}^{m}\alpha_i\alpha_j y_i y_j k(\boldsymbol{x}_i,\boldsymbol{x}_j)$$
$$\text{s.t.} \sum_{i=1}^{m}\alpha_i y_i = 0, \quad \alpha_i \geqslant 0, \quad i=1,2,\cdots,m \tag{3-16}$$

求解后即可得：

$$f(\boldsymbol{x})=\text{sgn}\left(\sum_{i,j=1}^{m}\alpha_i y_i k(\boldsymbol{x}_i,\boldsymbol{x}_j)+b\right) \tag{3-17}$$

值得注意的是，核函数的选择对 SVM 的性能至关重要。核函数选择不当，意味着样本被映射到了一个不合适的特征空间，导致 SVM 分类性能不佳。常用的几种核函数包括线性核函数、多项式核函数、高斯核函数、拉普拉斯核函数及 Sigmoid 核函数。

3.2.2 行星齿轮箱智能故障诊断

下面选用行星齿轮箱智能故障诊断实例介绍 SVM 在机械故障诊断中的应用。

1. 数据获取

选用的行星齿轮箱数据采集自第 2 章图 2-25 中的多级齿轮传动系统实验台中，在实验过程中，分别模拟了 8 种行星齿轮箱的健康状态，包括正常、第一级太阳轮点蚀、第一级太阳轮齿根裂纹、第一级行星轮齿根裂纹、第一级行星轮剥落、第一级行星轮轴承裂纹、第二级太阳轮剥落与第二级太阳轮缺齿，如图 3-6 所示。在行星齿轮箱的壳体上安装振动传感器采集不同健康状态下轴承的振动信号，每种健康状态的振动信号均在电动机转速为 2 100 r/min、磁粉制动器的加载电流为 0.5 A 的工况下采集，信号的采样频率设置为 25.6 kHz，采样时长为 10 s。

(a) 第一级太阳轮点蚀　　(b) 第一级太阳轮齿根裂纹　　(c) 第一级行星轮齿根裂纹

(d) 第一级行星轮剥落　　(e) 第一级行星轮轴承裂纹　　(f) 第二级太阳轮剥落　　(g) 第二级太阳轮缺齿

图 3-6　行星齿轮箱的故障齿轮

将采集的振动信号无重叠地分割为若干样本，每个样本的采样点为 2 560 个。如表 3-2 所示，获得 8 种行星齿轮箱健康状态的样本共 800 个，每种健康状态所对应的样本为 100 个。随机选取其中 20%的样本训练基于 SVM 的智能诊断模型，剩余 80%的样本测试诊断模型性能。

表 3-2　行星齿轮箱数据集

健康状态	训练样本数（个）	测试样本数（个）	健康标记
正常	20	80	1
第一级太阳轮点蚀	20	80	2
第一级太阳轮齿根裂纹	20	80	3
第一级行星轮齿根裂纹	20	80	4
第一级行星轮剥落	20	80	5
第一级行星轮轴承裂纹	20	80	6
第二级太阳轮剥落	20	80	7
第二级太阳轮缺齿	20	80	8

2. 特征提取与选择

分别提取数据集中样本的 11 种常用的时域特征,如均值、标准差、方根幅值、均方根值、峰值、波形指标、峰值指标等,以及 13 种常用的频域特征,如频谱均值、频谱中心、频谱均方根、频谱标准差等,构建特征集合 $\{z_1, z_2, \cdots, z_{24}\}$。

考虑到不同特征对行星齿轮箱健康状态变化的敏感程度不同,结合 Fisher 特征选择准则评估上述特征的敏感程度,并对特征进行排序,选出敏感程度较高的特征子集。Fisher 特征选择准则为:待选特征在训练样本上的类内距离越小、类间距离越大,则该特征越敏感。具体步骤如下。

(1) 计算训练样本在第 i 个特征 z_i 上的类间散度:

$$S_b(z_i) = \sum_{c=1}^{C} n_c (\mu_i^{(c)} - \mu_i)^2 \tag{3-18}$$

式中,n_c 为第 c 类样本的个数;$\mu_i^{(c)}$ 为第 c 类样本在第 i 个特征上的均值;μ_i 为所有样本在第 i 个特征上的均值。

(2) 计算属于第 c 类的训练样本在第 i 个特征 z_i 上的类内散度:

$$S_t^{(c)}(z_i) = \sum_{j=1}^{n_c} (x_{i,j}^{(c)} - \mu_i^{(c)})^2 \tag{3-19}$$

式中,$x_{i,j}^{(c)}$ 为第 c 类样本中第 j 个样本在第 i 个特征 z_i 上的取值。

(3) 计算第 i 个特征 z_i 的 Fisher 得分:

$$V_{\text{Fisher}}(z_i) = \frac{S_b(z_i)}{\sum_{c=1}^{C} n_c S_t^{(c)}(z_i)} \tag{3-20}$$

由式(3-20)可知:$V_{\text{Fisher}}(z_i)$ 取值越大,第 i 个特征 z_i 的类间散度越大,类内散度越小,说明该特征对健康状态变化越敏感。利用 Fisher 特征选择准则,可计算提取的 24 种特征在训练数据集上的 Fisher 得分,如图 3-7 所示。根据 Fisher 得分由高到低排序,选取前半数的特征构成敏感特征子集,输入基于 SVM 的智能诊断模型。

图 3-7 提取的 24 种特征在训练数据集上的 Fisher 得分

3. 健康状态识别

基于软间隔约束的非线性 SVM 构建智能诊断模型。其中，软间隔约束惩罚因子的取值范围为 $C \in \{1, 10, 10^2, \cdots, 10^9\}$，非线性 SVM 的核函数选择高斯核函数 $k(x, y) = \exp(-\|x-y\|^2/\gamma)$，核宽度的取值范围为 $\gamma \in \{1, 10, 10^2, \cdots, 10^9\}$。在不同参数组合下，利用训练样本的敏感特征子集对智能诊断模型进行训练后，可得模型在测试样本上的诊断精度结果，如表 3-3 所示。

表 3-3 基于 SVM 的智能诊断模型的诊断精度（%）

γ	惩罚因子 C									
	1	10	10^2	10^3	10^4	10^5	10^6	10^7	10^8	10^9
1	68.28	83.59	84.69	92.03	93.44	93.59	93.59	93.59	93.59	93.59
10	69.69	73.91	83.44	87.19	95.31	97.19	97.34	97.34	97.34	97.34
10^2	66.72	70.01	76.56	84.06	87.19	96.09	97.81	97.81	97.81	97.81
10^3	66.25	66.41	70.01	77.34	84.38	87.03	96.41	97.51	97.34	97.34
10^4	66.09	66.09	66.56	70.01	77.66	84.53	87.03	93.28	94.22	91.56
10^5	66.09	66.09	66.09	66.56	70.01	77.66	84.84	87.03	88.13	88.28
10^6	66.09	66.09	66.09	66.09	66.56	70.01	77.51	85.78	85.31	85.78
10^7	66.09	66.09	66.09	66.09	66.09	66.41	69.69	76.25	78.44	77.34
10^8	66.88	66.88	66.88	66.88	66.88	66.88	67.19	68.28	69.53	68.13
10^9	63.13	63.13	63.13	63.13	63.13	63.13	63.13	65.94	63.91	62.19

由表 3-3 可知，当高斯核宽度 γ 设置为 10^2、惩罚因子 C 设置为 $\{10^6,10^7,10^8,10^9\}$ 时，智能诊断模型对测试样本的诊断精度最高，达到 97.81%。此外，软间隔约束惩罚因子与高斯核函数参数对智能诊断模型的诊断精度产生较大影响：随着软间隔约束惩罚因子的增大，智能诊断模型的分类面逐渐复杂，在一定程度上能够提高模型的诊断精度；不同的高斯核宽度代表了不同的特征映射空间，在核宽度取值为 10^2 的特征映射空间，不同健康状态的样本区分性最强，使智能诊断模型的诊断精度明显提高，但随着高斯核宽度持续增大，如取值为 $\{10^7,10^8,10^9\}$ 时，样本在特征空间内的区分性变弱，智能诊断模型的诊断精度降低。

3.3 混合智能故障诊断

传统单一智能诊断方法的有效性往往建立在特定条件或场合下，然而，对于复杂诊断问题，仅单纯地依靠一两种方法难以得到普适性的智能诊断模型，导致最终的诊断决策结果存在不确定性、片面性[3]，如果将多种智能诊断方法加以混合，取长补短、优势互补，则能够在一定程度上弥补单一智能诊断方法存在的性能缺陷，提高智能诊断模型的学习能力与诊断性能。因此，融合多种智能诊断方法、构建混合智能诊断模型，是提高机械装备诊断自动化与智能化的有效途径。

3.3.1 混合智能诊断基本原理

混合智能诊断根据不同方法之间的差异性和互补性，扬长避短，优势互补，并结合不同的信号处理和特征提取方法，将它们集成或融合，以提高诊断系统的敏感性、健壮性、精确性。该技术秉承"分而治之"和"优势互补"的原理[12]，如图 3-8 所示。"分而治之"将一个复杂的问题分解为若干个相互独立的简单子问题，分别求解各个子问题，最终，各个子问题解的融合即构成原复杂问题的解。"优势互补"即运用不同的智能诊断方法求解同一个子问题，任何一种方法对该问题均能提供可能的解，但由于各自方法的优势与劣势不同，它们提供的解可能不是子问题的最优解，但根据适当的融合原则合并解集，取长补短，却可使融合解接近最优。例如，多分类器集成是"优势互补"思想的具体应用，它将多个分类器输出的诊断结果在决策层进行融合,提高了单一分类器的性能。

图 3-8 混合智能诊断原理

3.3.2 混合智能诊断模型

混合智能诊断模型采用多分类器集成的基本框架,通常由以下两种诊断模式实现:①对同一输入信号,首先采用不同的信号预处理与特征提取方法,获取信号中蕴含的机械装备相互独立又互补的多层次健康信息,然后融合同一分类策略的诊断结果;②对同一输入信号,首先采用完全相同的信号预处理与特征获取方法,然后融合不同分类策略的诊断结果。下面以第一种诊断模式为例进行说明。

多分类器集成模式下的混合智能诊断模型包括三个重要环节:多域特征提取、特征选择、多分类器诊断结果融合。如图 3-9 所示为多自适应模糊推理系统(Adaptive Neuron-based Fuzzy Inference System,ANFIS)集成的混合智能诊断模型[12]。

1. 多域特征提取

信号的时域统计分析用于估计或计算信号的时域特征。时域统计特征包括有量纲和无量纲两种。常用的有量纲参量有均值、标准差、方根幅值、均方根值、峰值,一般与转速、载荷等运行参数相关;而无量纲特征与机械装备的运行状态无关,如波形指标、峰值指标、脉冲指标、裕度指标、偏斜度、峭度等。

图 3-9 多 ANFIS 集成的混合智能诊断模型

信号的频谱反映了信号的频率成分及各成分的幅值或能量大小。当机械装备出现故障时，信号中不同频率成分的幅值或能量发生变化，导致频谱中对应谱线发生变化：信号的频率成分增多或减少，频谱上的谱线随之呈现为集中或分散；信号某频率成分的幅值/能量增大或减小，频谱上对应谱线的高度表现为增高或降低。频谱中谱线的高低变化、分布的分散程度及主频位置的变化能够较好地描述振动信号的频谱信息，为基于时域特征判断机械装备的运行状态提供互补信息。常用的时域与频域特征参量如表 3-4 所示[12]。

表 3-4 常用的时域与频域特征参量

时域特征参量		频域特征参量	
1. 均值	$\bar{x}=\dfrac{1}{N}\sum_{n=1}^{N}x(n)$	12.	$F_{12}=\dfrac{1}{K}\sum_{k=1}^{K}s(k)$
2. 标准差	$\sigma_x=\sqrt{\dfrac{1}{N-1}\sum_{n=1}^{N}\left[x(n)-\bar{x}\right]^2}$	13.	$F_{13}=\sqrt{\dfrac{1}{K-1}\sum_{k=1}^{K}\left[s(k)-F_{12}\right]^2}$
3. 方根幅值	$x_r=\left(\dfrac{1}{N}\sum_{n=1}^{N}\sqrt{\left|x(n)\right|}\right)^2$	14.	$F_{14}=\dfrac{\sum_{k=1}^{K}\left[s(k)-F_{12}\right]^3}{(K-1)F_{13}^3}$

续表

时域特征参量			频域特征参量	
4. 均方根值	$x_{rms}=\sqrt{\dfrac{1}{N}\sum\limits_{n=1}^{N}x^{2}(n)}$	15.	$F_{15}=\dfrac{\sum\limits_{k=1}^{K}\left[s(k)-F_{12}\right]^{4}}{(K-1)F_{13}^{4}}$	
5. 峰值	$x_{p}=\max\left\|x(n)\right\|$	16.	$F_{16}=\dfrac{\sum\limits_{k=1}^{K}f_{k}\cdot s(k)}{\sum\limits_{k=1}^{K}s(k)}$	
6. 波形指标	$W=\dfrac{x_{rms}}{\bar{x}}$	17.	$F_{17}=\sqrt{\dfrac{1}{K-1}\sum\limits_{k=1}^{K}(f_{k}-F_{16})^{2}\cdot s(k)}$	
7. 峰值指标	$C=\dfrac{x_{p}}{x_{rms}}$	18.	$F_{18}=\sqrt{\dfrac{\sum\limits_{k=1}^{K}f_{k}^{2}\cdot s(k)}{\sum\limits_{k=1}^{K}s(k)}}$	
8. 脉冲指标	$I=\dfrac{x_{p}}{\bar{x}}$	19.	$F_{19}=\sqrt{\dfrac{\sum\limits_{k=1}^{K}f_{k}^{4}\cdot s(k)}{\sum\limits_{k=1}^{K}f_{k}^{2}\cdot s(k)}}$	
9. 裕度指标	$L=\dfrac{x_{p}}{x_{r}}$	20.	$F_{20}=\dfrac{\sum\limits_{k=1}^{K}f_{k}^{2}\cdot s(k)}{\sqrt{\sum\limits_{k=1}^{K}s(k)\sum\limits_{k=1}^{K}f_{k}^{4}\cdot s(k)}}$	
10. 偏斜度	$S=\dfrac{\sum\limits_{n=1}^{N}\left[x(n)-\bar{x}\right]^{3}}{(N-1)\sigma_{x}^{3}}$	21.	$F_{21}=\dfrac{F_{17}}{F_{16}}$	
11. 峭度	$K=\dfrac{\sum\limits_{n=1}^{N}\left[x(n)-\bar{x}\right]^{4}}{(N-1)\sigma_{x}^{4}}$	22.	$F_{22}=\dfrac{\sum\limits_{k=1}^{K}(f_{k}-F_{16})^{3}\cdot s(k)}{(K-1)F_{17}^{3}}$	
		23.	$F_{23}=\dfrac{\sum\limits_{k=1}^{K}(f_{k}-F_{16})^{4}\cdot s(k)}{(K-1)F_{17}^{4}}$	
		24.	$F_{24}=\dfrac{\sum\limits_{k=1}^{K}(f_{k}-F_{16})^{1/2}\cdot s(k)}{(K-1)F_{17}^{1/2}}$	

注：表中 $x(n)$ 为信号的时域序列，$n=1,2,\cdots,N$；N 为样本点数。$s(k)$ 是信号 $x(n)$ 的频谱，$k=1,2,\cdots,K$；K 是谱线数；f_k 是第 k 条谱线的频率值

为提高输入信号的信噪比，突显故障信息，设计 F 个滤波器对输入信号进行滤波处理，然后提取滤波后信号的时域特征与包络谱频域特征，构成新特征集。为捕捉更丰富的故障信息，另利用 EMD 方法对输入信号进行分解，并提取多个 IMF 信号的时域特征与包络谱

频域特征，构成新特征集。

2. 特征选择

提取的时域与频域特征中存在不相关或冗余特征，影响智能诊断模型的计算效率和诊断精度，因此，利用特征选择方法获取高维特征集中对机械装备健康状态变化敏感的特征，构成最优特征集合。距离评估技术通过特征之间的距离大小来估计特征的敏感程度，评估的一般原则是：同一类样本特征的类内距离最小，不同类样本特征的类间距离最大。属于同一目标类样本的某特征的类内距离越小，不同目标类的某特征的类间距离越大，则该特征越敏感[13]。设具有 C 个目标类的特征集为：

$$\{q_{m,c,j} | m=1,2,\cdots,M_c; c=1,2,\cdots,C; j=1,2,\cdots,J\} \quad (3-21)$$

式中，$q_{m,c,j}$ 是第 c 类的第 m 个样本的第 j 个特征；M_c 为第 c 类的样本数；J 是每一类的特征个数。距离评估技术可分为以下五个步骤。

（1）计算第 c 类中第 j 个特征的类内距离：

$$d_{c,j} = \frac{1}{M_c \times (M_c-1)} \sum_{l,m=1}^{M_c} |q_{m,c,j} - q_{l,c,j}|, \quad l,m=1,2,\cdots,M_c, \quad l \neq m \quad (3-22)$$

（2）计算 $d_{c,j}$ 的平均类内距离：

$$d_j^{(w)} = \frac{1}{C} \sum_{c=1}^{C} d_{c,j} \quad (3-23)$$

（3）计算第 c 类 M_c 个样本第 j 个特征的平均值：

$$u_{c,j} = \frac{1}{M_c} \sum_{m=1}^{M_c} q_{m,c,j} \quad (3-24)$$

（4）计算第 j 个特征的平均类间距离：

$$d_j^{(b)} = \frac{1}{C \times (C-1)} \sum_{c,e=1}^{C} |u_{e,j} - u_{c,j}|, \quad c,e=1,2,\cdots,C, \quad c \neq e \quad (3-25)$$

（5）计算第 j 个特征的距离评估因子：

$$\alpha_j = \frac{d_j^{(b)}}{d_j^{(w)}} \quad (3-26)$$

由式（3-26）可知，α_j 越大，则第 j 个特征越敏感，更符合距离评估原则，更容易对目标类进行分类。

3. 集成 ANFIS 的混合智能诊断模型

集成 ANFIS 的混合智能诊断模型基于遗传算法的加权平均技术融合多个 ANFIS 分类器的诊断结果。其中,单个 ANFIS 使用神经网络训练实现并优化模糊推理系统,通过构建一系列 IF-THEN 规则和隶属度函数来描述复杂系统输入与输出之间的映射关系[14]。如图 3-10 所示为一阶 T-S 模糊推理系统的 ANFIS 网络结构,图中的圆圈代表固定节点,方框代表自适应节点,该结构分为五层。

图 3-10　一阶 T-S 模糊推理系统的 ANFIS 网络结构

1) 模糊化层

模糊化层将输入变量模糊化,输出对应模糊集的隶属度。以节点 A_i、B_i（$i=1,2$）为例,其模糊隶属度函数可表示为:

$$\begin{cases} o_i^1 = u_{A_i}(x), & i=1,2 \\ o_i^1 = u_{B_i}(y), & i=1,2 \end{cases} \quad (3\text{-}27)$$

式中,$u_{A_i}(x)$ 和 $u_{B_i}(y)$ 为隶属度函数,分别对应模糊集的"大"或"小",常用的隶属度函数有钟形隶属度函数:

$$u(x) = \frac{1}{1+\left(\dfrac{x-c_i}{a_i}\right)^{2b_i}}, \quad i=1,2 \quad (3\text{-}28)$$

式中,a_i、b_i、c_i 组成待训练的条件参数集合。

2) 规则层

规则层的固定节点记为 M,每个节点为简单的乘法器,输出 $o_i^2 = \omega_i$ 表示每条推理规则的实用度，计算如下：

$$\omega_i = u_{A_i}(x) \cdot u_{B_i}(y), \quad i=1,2 \quad (3-29)$$

3）正规化层

正规化层的固定节点记为 N，对规则层输出的各条规则的激励强度做归一化处理，输出正规化激励强度 $o_i^3 = \bar{\omega}_i$，计算如下：

$$\bar{\omega}_i = \frac{\omega_i}{\sum_{i=1}^{2} \omega_i}, \quad i=1,2 \quad (3-30)$$

4）解模糊层

解模糊层的节点记为 F_1 和 F_2 每个节点的传递函数为线性函数，计算每条规则的输出 o_i^4，计算如下：

$$o_i^4 = \bar{\omega}_i z_i = \bar{\omega}_i (p_i x + q_i y + r_i), \quad i=1,2 \quad (3-31)$$

式中，每个节点中的 p_i、q_i、r_i 组成结论参数集，与模糊化层中的条件参数集一样，需要通过网络训练来确定。

5）输出层

输出层仅有一个固定节点，标注为 S，计算所有规则的输出之和 $o_i^5 = v$，计算如下：

$$v = \sum_{i=1}^{2} \bar{\omega}_i v_i = \frac{\sum_{i=1}^{2} \omega_i v_i}{\sum_{i=1}^{2} \omega_i}, \quad i=1,2 \quad (3-32)$$

通过特征提取与选择，共获得输入信号的 6 个敏感特征集，将它们分别输入 6 个单一的 ANFIS 基分类器，通过加权平均技术来集成 6 个 ANFIS 基分类器输出的诊断结果，最终的分类结果如下：

$$\hat{y}_n = \sum_{k=1}^{6} \omega_k \hat{y}_{n,k}$$
$$\text{s.t.} \sum_{k=1}^{6} \omega_k = 1, \quad \omega_k \geq 0, \quad k=1,2,\cdots,6 \quad (3-33)$$

式中，$\hat{y}_n$ 为第 n 个样本的集成分类结果；$\hat{y}_{n,k}$ 为第 k 个分类器对第 n 个样本的分类结果；ω_k 是第 k 个 ANFIS 基分类器的权重，通过遗传算法寻优获取。

3.3.3 电动机滚动轴承智能故障诊断

下面将混合智能诊断模型应用于电动机滚动轴承的故障诊断。

1. 数据介绍

选用美国凯斯西储大学的电动机滚动轴承数据集[15]对构建的混合智能诊断模型进行验证,该数据集采集自安装在电动机驱动端的 SKF6205-2RS 型滚动轴承,共包含 4 种健康状态:正常、内圈故障、滚动体故障、外圈故障。其中,每种故障类型均通过电火花加工方式模拟了三种损伤程度,损伤直径分别为 0.18 mm、0.36 mm 和 0.54 mm。每种健康状态的轴承均在 4 种不同的负载下进行测试。在测试过程中,通过安装在电动机驱动端的加速度传感器采集振动信号,采样频率为 12 kHz。如表 3-5 所示,将采集的振动信号分割为若干个样本,共获得不同健康状态、不同工况下的样本 600 个,样本涵盖了三种不同的损伤程度。若按损伤程度不同划分健康状态类别,可得 10 类样本。

表 3-5 电动机滚动轴承数据集

健康状态	损伤程度(mm)	样本数	健康标记
正常	/	60	1
内圈故障	0.18	60	2
	0.36	60	3
	0.54	60	4
滚动体故障	0.18	60	5
	0.36	60	6
	0.54	60	7
外圈故障	0.18	60	8
	0.36	60	9
	0.54	60	10

2. 多域特征提取与选择

多域特征集由三部分组成:①提取每个样本的 11 种时域特征组成特征集 A,提取 13 种频域特征组成特征集 B;②设计三个带通滤波器(带通频率分别为 2.2~3.8 kHz、3~3.8 kHz、3~4 kHz)和一个高通滤波器(截止频率为 2.2 kHz)对输入的样本进行滤波处理，提取滤波后 4 种信号的时域特征组成特征集 C（共有特征 4×11 个），提取包络谱频域特征组成特征集 D（共有特征 4×13 个）；③利用 EMD 处理输入信号，分别提取前 8 个 IFM 的时域特征组成特征集 E（共有特征 8×11），提取包络谱频域特征组成特征集 F（共有特征 8×13 个）。

利用距离评估技术分别提取每个特征集中的敏感特征，如图 3-11 所示，选择敏感程度评估因子最高的 4 个特征输入集成 ANFIS 的混合智能诊断模型。

图 3-11 提取的 6 个特征集的距离评估因子

3. 健康状态识别

随机选取表 3-5 数据集中 50%的样本训练集成 ANFIS 的混合智能诊断模型，剩余 50%的样本测试混合智能诊断模型的诊断精度，重复实验 10 次，平均诊断结果如表 3-6 所示。

表 3-6 单一 ANFIS 智能诊断模型与混合智能诊断模型的诊断精度对比（%）

	ANFIS-A	ANFIS-B	ANFIS-C	ANFIS-D	ANFIS-E	ANFIS-F	平均值	混合模型
训练集	65.67	90.00	72.67	80.33	67.67	87.33	77.28	93.67
测试集	61.00	87.67	68.00	77.00	67.00	81.00	73.61	91.33

由表 3-6 可知，对于 10 类轴承健康状态识别这一复杂诊断问题，单一 ANFIS 智能诊断模型在特定特征集上的训练精度与测试精度均较低，其训练精度的均值为 77.28%，测试精度的均值为 73.61%，说明单一分类器不仅难以充分拟合特征集与不同轴承健康状态之间的映射关系，而且由于泛化能力不足，导致模型的诊断精度不高。集成 ANFIS 的混合智能诊断模型不仅在特征层融合了多域特征集提供的健康信息，而且模型的数据拟合能力大大提高，使训练精度提高至 93.67%，测试精度提高至 91.33%，获得了较传统单一智能诊断模型更好的诊断结果。

本章小结

本章从数据获取、特征提取与选择、健康状态识别三个重要环节阐述了基于传统机器学习的机械装备智能故障诊断方法及其应用。首先，简要回顾了 ANN 与 SVM 这两种代表性机器学习方法的基本原理，并建立了基于 ANN 与 SVM 的智能诊断模型，实现了滚动轴承、行星齿轮箱健康状态的自动识别。然后，针对单一智能诊断方法的诊断结果存在不确定性与片面性的问题，提出了混合智能诊断方法，并构建了集成 ANFIS 的混合智能诊断模型，提高了单一 ANFIS 智能诊断模型对电动机滚动轴承的诊断精度，验证了混合智能诊断方法的有效性。结合传统机器学习方法能够构建故障特征与机械装备健康状态之间的映射关系，赋予计算机学习诊断知识的能力，使之代替人工自动判断机械装备的健康状态，这在一定程度上促进了机械装备故障诊断的智能化，并提高了诊断精度。

参考文献

[1] 屈梁生，张西宁，沈玉娣. 机械故障诊断理论与方法[M]. 西安：西安交通大学出版社，2009.

[2] 何正嘉，陈进，王太勇，等. 机械故障诊断理论及应用[M]. 北京：高等教育出版社，2010.

[3] LEI Y, YANG B, JIANG X, et al. Applications of machine learning to machine fault diagnosis: A review and roadmap[J]. Mechanical Systems and Signal Processing, 2020, 138: 106587.

[4] LEI Y. Intelligent Fault Diagnosis and Remaining Useful Life Prediction of Rotating Machinery[M]. Butterworth-Heinemann, 2016.

[5] GOODFELLOW I, BENGIO Y, COURVILLE A. Deep learning[M]. MIT Press, 2016.

[6] 周志华. 机器学习[M]. 北京：清华大学出版社，2016.

[7] HECHT-NIELSEN R. Theory of the backpropagation neural network[C]//International Joint Conference on Neural Networks in Washington, USA, June 18-22, 1989: 593-605.

[8] LEI Y, HE Z, ZI Y. Application of a novel hybrid intelligent method to compound fault diagnosis of locomotive roller bearings[J]. Journal of Vibration and Acoustics-Transactions of the ASME, 2008, 130(3): 569-583.

[9] VAPNIK V. The Nature of Statistical Learning Theory[M]. Springer Science & Business Media, 2013.

[10] CORTES C, VAPNIK V. Support-vector networks[J]. Machine Learning, 1995, 20(3): 273-297.

[11] WIDODO A, YANG B S. Support vector machine in machine condition monitoring and fault diagnosis[J]. Mechanical Systems and Signal Processing, 2007, 21(6): 2560-2574.

[12] 雷亚国. 混合智能技术及其在故障诊断中的应用研究[D]. 西安：西安交通大学，2007.

[13] LEI Y, HE Z, ZI Y. A new approach to intelligent fault diagnosis of rotating machinery[J]. Expert Systems with applications, 2008, 35(4): 1593-1600.

[14] JANG J S R. ANFIS: Adaptive-network-based fuzzy inference system[J]. IEEE Transactions on Systems, Man, and Cybernetics, 1993, 23(3): 665-685.

[15] Case Western Reserve University Bearing Data Center[EB/OL]. https://csegroups.case.edu/bearingdatacenter/home.

第 4 章

基于深度学习的机械装备智能故障诊断

深度学习旨在构建具有深层结构的神经网络，利用海量数据进行模型训练，逐层刻画数据中的内在信息，最终提高分类或预测的准确率[1]，目前已经在语音识别、机器视觉、生命科学与医学等领域掀起了研究热潮[2][3]。在机械故障诊断领域，深度学习能够自适应地提取或融合故障特征，实现特征提取与健康状态识别之间的信息交互。基于深度学习的智能故障诊断流程如图 4-1 所示，利用深度学习方法，如深度置信网络（Deep Belief Network，DBN）、堆叠自编码机（Stacked Auto-encoders，SAE）、卷积神经网络（Convolutional Neural Network，CNN）、深度残差网络（Deep Residual Network，ResNet）等，直接对输入的监测大数据进行逐层特征表征，自适应提取其中与机械装备健康状态密切相关的深层特征，并将特征表征与健康状态识别环节合二为一，构建深层特征与机械装备健康状态之间的非线性映射关系，完成机械装备的健康状态识别。本章基于深度学习理论，分别建立了 DBN 智能诊断模型、SAE 智能诊断模型、加权卷积网络（Weighted CNN，WCNN）智能诊断模型及 ResNet 智能诊断模型，并利用这些模型，实现机械装备的智能故障诊断。

图 4-1 基于深度学习的智能故障诊断流程

4.1 深度置信网络智能故障诊断

DBN 由若干个受限玻尔兹曼机（Restricted Boltzmann Machine，RBM）堆叠构成，通过由低到高逐层训练这些 RBM 实现，即将每层 RBM 的输出作为下一层 RBM 的输入。RBM 可以通过对比散度（Contrastive Divergence，CD）算法快速训练。通过逐层训练方式将 DBN 的直接训练转换为多层 RBM 逐个训练，避免了直接训练产生的高复杂度。经过逐层训练后，再利用传统的全局学习算法，如误差反向传播算法，对 DBN 网络进行微调，从而使模型收敛到局部最优点。这种学习算法在本质上等同于先逐层预训练 RBM，将模型的参数初始化为较优的值，再通过全局学习算法进一步反向微调参数。联合逐层预训练和反向微调策略，解决了模型训练速度慢的问题，提升了模型的学习能力，现已成为 DBN 等深度神经网络最重要的训练方式，并被应用于图像处理、语音信号处理等领域。

在故障诊断领域，DBN 由于原理简单、易于训练而被广泛应用。本节首先介绍 RBM 的基本原理，详细阐述其模型结构、训练算法；然后堆叠 RBM 构建 DBN 智能诊断模型，并将其应用于电动机轴承智能故障诊断。

4.1.1 受限玻尔兹曼机基本原理

玻尔兹曼机（Boltzmann Machine，BM）是 1986 年提出的一种基于统计力学的随机神经网络[2]，其基本结构如图 4-2（a）所示，包括一个可见层和一个隐层。从功能上讲，BM 由随机神经元通过全对称的形式连接构成，各神经元无自反馈，而且神经元输出只有两种状态——"未激活"或"激活"，常用二进制的"0"或"1"表示，状态的取值根据概率统计法则决定。作为一种"基于能量的模型"，BM 为网络的状态定义"能量"，并通过最小化能量函数使网络达到理想状态[4]。这种网络具有强大的无监督学习能力，能够学习数据中复杂的规则，但训练时间长，而且难以准确地拟合随机样本分布。与 BM 不同，RBM 是一种无向图模型，其可见层和隐层的层内无连接，两层之间通过权值进行全连接，结构如图 4-2（b）所示。其中，隐层神经元和可见层神经元可服从任意指数型分布，如高斯分布、泊松分布等。

（a）BM 模型结构　　　　　（b）RBM 模型结构

图 4-2　BM 和 RBM 的模型结构

给定一个 RBM 模型，包含 n_V 个可见层神经元和 n_H 个隐层神经元，向量 v 和 h 分别表示可见层和隐层神经元的状态。其中，v_i 表示可见层第 i 个神经元的状态，h_j 表示隐层第 j 个神经元的状态。假设所有的可见层神经元和隐层神经元均为二值变量，即 $\forall i, j$，$v_i \in \{0,1\}$，$h_j \in \{0,1\}$。对于一组 (v, h)，RBM 模型的能量函数可定义为：

$$E(v, h|\theta) = -\sum_{i=1}^{n_V} a_i v_i - \sum_{j=1}^{n_H} b_j h_j - \sum_{i=1}^{n_V}\sum_{j=1}^{n_H} W_{i,j} v_i h_j \tag{4-1}$$

式中，$\theta = \{W_{i,j}, a_i, b_j\}$，是 RBM 模型的参数；$W_{i,j}$ 表示可见层第 i 个神经元与隐层第 j 个神经元之间的连接权值；a_i 表示可见层第 i 个神经元的偏置；b_j 表示隐层第 j 个神经元的偏置。RBM 的层间有连接，而层内无连接，因此，当给定可见层单元的状态时，各隐层神经元的激活状态之间是条件独立的。隐层第 j 个神经元的激活概率可表示为：

$$P(h_j = 1|v, \theta) = \sigma_s\left(b_j + \sum_i v_i W_{i,j}\right) \tag{4-2}$$

式中，$\sigma_s(x)$ 为 Sigmoid 激活函数。由于 RBM 为对称结构，当给定隐层神经元的状态时，各可见层神经元的激活状态之间也是条件独立的，即可见层第 i 个神经元的激活概率为：

$$P(v_i=1|\boldsymbol{h},\boldsymbol{\theta})=\sigma_s\left(a_i+\sum_j W_{i,j}h_j\right) \tag{4-3}$$

RBM 模型常通过 CD 算法进行训练，其主要步骤如表 4-1 所示。

表 4-1 CD 算法的主要步骤

输入：一个训练样本 x_0；可见层神经元个数 n_V；隐层神经元个数 n_H；学习率 η
输出：可见层的偏置向量 $a=\{a_i|i=1,2,\cdots,n_V\}$；隐层的偏置向量 $b=\{b_j|j=1,2,\cdots,n_H\}$；连接权值矩阵 $W\in\mathbb{R}^{n_V\times n_H}$
1. 初始化可见层神经元的初始状态 $v=x_0$；随机初始化 W、a、b 为较小数值
2. 当迭代训练次数 $t\in\{1,2,\cdots,T\}$ 时，依次执行步骤 3—6
3. 遍历隐层神经元 $j\in\{1,2,\cdots,n_H\}$，以 v 为输入，执行式(4-2)计算隐层所有神经元的激活概率，并从条件分布 $P(h_j=1|v)$ 中抽取二值状态 $h_j\in\{0,1\}$
4. 遍历可见层神经元 $i\in\{1,2,\cdots,n_V\}$，以 $h=\{h_j|j=1,2,\cdots,n_H\}$ 为输入，执行式(4-3)计算可见层所有神经元的激活概率，并从条件分布 $P(\hat{v}_i=1|h)$ 中重构二值状态 $\hat{v}_i\in\{0,1\}$
5. 遍历隐层神经元 $j\in\{1,2,\cdots,n_H\}$，以 $\hat{v}=\{\hat{v}_i|i=1,2,\cdots,n_V\}$ 为输入，执行式(4-2)计算隐层所有神经元的激活概率，并从条件分布 $P(\hat{h}_j=1|\hat{v})$ 中重构二值状态 $\hat{h}_j\in\{0,1\}$
6. 更新模型参数：$W\leftarrow W+\eta\left[P(h_j=1|v)v^{\mathrm{T}}-P(\hat{h}_j=1|\hat{v})\hat{v}^{\mathrm{T}}\right]$，$b\leftarrow b+\eta(v-\hat{v})$，$a\leftarrow a+\eta\left[P(h_j=1|v)-P(\hat{h}_j=1|\hat{v})\right]$

注：表中所示的 CD 算法基于可见层单元和隐层神经元状态均为二值变量的假设，对于高斯分布或其他类型分布的神经元，需调整可见层和隐层单元激活状态所服从的概率分布

4.1.2 深度置信网络智能诊断模型

堆叠 RBM 构建 DBN 智能诊断模型，其网络结构如图 4-3 所示。DBN 智能诊断模型的诊断流程包括 5 个步骤，如图 4-4 所示，具体如下。

图 4-3 DBN 智能诊断模型网络结构

图 4-4 DBN 智能诊断模型的诊断流程

（1）提取机械装备监测数据的常用时域与频域特征，如表 3-4 所示。每个样本 f_i 由时域与频域特征描述，因此有数据集 $\{f_i|i=1,2,\cdots,M\}$，M 为样本个数。数据集由训练数据集和测试数据集构成。其中，训练数据集的样本数量为 M_{tr}，这些样本对应的实际健康状态记为 $\{y_i|i=1,2,\cdots,M_{tr}\}$；测试数据集的样本数量为 M_{te}，假设其健康状态未知。

（2）构建 DBN 智能诊断模型，确定诊断模型的隐层数 L 及各层神经元的个数。其中，DBN 智能诊断模型的第一层为输入层，其神经元个数为提取的时域与频域特征个数。在 DBN 模型的 $h^{(L)}$ 层后堆叠分类层，识别机械装备的健康状态，分类层的神经元个数为机械装备健康状态的个数。

（3）利用训练数据集对 DBN 智能诊断模型进行预训练。首先利用表 4-1 中的 CD 算法逐层训练 L 个 RBM，并将每个 RBM 隐层的输出作为下一层 RBM 的输入。直到完成 L 个 RBM 的训练后，将这 L 个 RBM 逐层堆叠形成如图 4-3 所示的多隐层 DBN 智能诊断模型。

（4）微调 DBN 智能诊断模型。逐层预训练 DBN 智能诊断模型之后，结合训练样本的特征及其对应的健康状态类型,利用误差反向传播算法对 DBN 智能诊断模型的所有参数进行微调,使网络具备识别机械装备健康状态的能力。训练的目标函数为:

$$\min L(y_i, \hat{y}_i) = \frac{1}{2M_{tr}} \sum_{i=1}^{M_{tr}} \| y_i - \hat{y}_i \|^2 \tag{4-4}$$

式中,y_i 为第 i 个训练样本的实际健康状态标记;$\hat{y}_i$ 为智能诊断模型预测的第 i 个训练样本属于各个健康状态的概率分布。此处,健康状态标记为 One-hot 向量形式。

(5)使用训练完成的 DBN 智能诊断模型识别机械装备健康状态。将测试样本的特征输入训练完成的 DBN 智能诊断模型中,识别这些样本对应的机械装备健康状态。

4.1.3 电动机滚动轴承智能故障诊断

1. 数据介绍

采用美国凯斯西储大学的电动机滚动轴承数据集验证 DBN 智能诊断模型的有效性,如表 4-2 所示。被测轴承安装于电动机驱动端,包括正常、内圈故障、外圈故障、滚动体故障 4 种健康状态,每种健康状态下采集了 200 个振动信号样本,每个样本有 2 400 个数据点。从每种健康状态的数据中随机抽取 25%的样本对模型进行训练,剩余样本用于模型测试。

表 4-2 电动机滚动轴承故障数据集

健康状态类型	损伤程度/mm	工况/hp	样本总数/个	训练/测试样本比例	健康标记
正常	0	0~3	200	25% / 75%	1
内圈故障	0.18	0~3	200	25% / 75%	2
	0.36	0~3	200	25% / 75%	3
	0.54	0~3	200	25% / 75%	4
外圈故障	0.18	0~3	200	25% / 75%	5
	0.36	0~3	200	25% / 75%	6
	0.54	0~3	200	25% / 75%	7
滚动体故障	0.18	0~3	200	25% / 75%	8
	0.36	0~3	200	25% / 75%	9
	0.54	0~3	200	25% / 75%	10

2. 诊断结果

提取监测数据的 18 种时域与频域特征,因此设置 DBN 智能诊断模型的输入层神经元个数为 18,将特征输入智能诊断模型前进行 z-score 归一化。表 4-2 中的电动机滚动轴承故障数据集包含 10 种健康状态类型,因此 DBN 智能诊断模型的输出层神经元个数设置为 10。构造的 DBN 智能诊断模型包含 3 个 RBM 网络结构,其结构参数通过粒子群优化(Particle Swarm Optimization,PSO)算法自动选取。通过 PSO 算法,获得第 1 个 RBM 的可见层-隐层神经元个数为 18-57,第 2 个 RBM 的可见层-隐层神经元个数为 57-38,第 3 个 RBM 的可见层-隐层神经元个数为 38-25。因此,该 DBN 诊断模型的网络结构参数为 18-57-38-25-10。DBN 诊断模型在逐层预训练与反向微调时,可通过训练数据集的交叉验证,设定学习率为 0.001、动量惩罚系数为 0.86。为避免因随机初始化模型权值系数而引入的诊断误差,重复模型训练-测试实验 15 次,获得如图 4-5 所示的诊断结果。由图可见,在 15 次实验中,DBN 诊断模型的测试诊断精度均保持在 99%左右。统计结果的标准差为 0.22%,说明 DBN 诊断模型的诊断性能稳定。此外,对比分析了与 DBN 具有相同网络结构的多层 BPNN 智能诊断模型的诊断精度,其测试诊断精度仅为 96%左右,低于 DBN 诊断模型的诊断精度。另选取第 1 次实验的诊断结果,绘制 DBN 模型诊断结果的混淆矩阵,如图 4-6 所示。由图可见,DBN 诊断模型除有少量的内圈故障出现了误分的情况,在其他健康状态上均获得了 100%的识别精度。上述结果说明,逐层预训练的 DBN 诊断模型较传统智能诊断模型具有更好的诊断性能。

图 4-5 DBN 智能诊断模型与多层 BPNN 智能诊断模型的诊断精度对比

图 4-6 DBN 智能诊断模型诊断结果的混淆矩阵

4.2 堆叠自编码机智能故障诊断

SAE 是由多层自编码机（Auto-encoder，AE）堆叠而成的深层网络结构[5]，具有实现简单、训练速度快等优点，已经成功地在语音识别等领域得到了应用。在 AE 的后续研究工作中，相继发展了多种变体，如去噪自编码机[6]（Denoising Auto-encoder，DAE）、收缩自编码[7]（Contractive Auto-encoder，CAE）、稀疏自编码机[8]（Sparse AE）、变分自编码机[9]（Variational Auto-encoder，VAE）等。本节首先介绍 AE 的基本原理，然后构建 SAE 智能诊断模型，并将其应用于行星齿轮箱的智能故障诊断。

4.2.1 自编码机基本原理

AE 是一种基于无监督学习的神经网络，包括输入层、编码层与重构层，其网络结构如图 4-7 所示。AE 将特征提取分为输入监测数据的编码与解码过程。其中，输入层与编码层构成编码网络；编码层与重构层构成解码网络。给定机械装备健康状态的无标记数据集为 $\{x_i | i=1,2,\cdots,M\}$，其中 x_i 为第 i 个监测数据样本，M 为样本数量。假设 AE 编码网络的编码函数为 $f_\theta(\cdot)$，编码网络通过 $f_\theta(\cdot)$ 将 x_i 变换为编码向量 u_i，即

$$u_i = f_\theta(x_i) = \sigma_f(\omega x_i + b) \tag{4-5}$$

式中，$\sigma_f(\cdot)$ 为编码网络的激活函数；ω 为编码网络的权值矩阵；b 为编码网络的偏置向量；$\theta = \{\omega, b\}$，为编码网络的待训练参数。

图 4-7 AE 的网络结构

假设 AE 解码网络的解码函数为 $g_{\theta'}(\cdot)$，解码网络通过 $g_{\theta'}$ 将编码向量 u_i 变换为机械监测数据样本 x_i 的重构信号样本 $\hat{x}_i$：

$$\hat{x}_i = g_{\theta'}(u_i) = \sigma_g(\omega' u_i + b') \tag{4-6}$$

式中，$\sigma_g(\cdot)$ 为解码网络的激活函数；ω' 为解码网络的权值矩阵；b' 为解码网络的偏置向量；$\theta' = \{\omega', b'\}$，为解码网络的待训练参数。当 AE 中编码网络与解码网络的结构严格对称时，可将解码网络的权值配置为编码网络的权值镜像，以提高 AE 的训练速度并降低过拟合风险。解码网络的镜像权值设置为：

$$\omega' = \omega^T \tag{4-7}$$

AE 的训练目标是促使重构的监测数据样本 $\hat{x}_i$ 与原始样本 x_i 尽可能相同，因此，引入平方损失函数 $L(\cdot, \cdot)$ 评价 AE 对输入样本的重构误差：

$$L(x_i, \hat{x}_i) = \frac{1}{2M} \sum_{i=1}^{M} \|x_i - \hat{x}_i\|^2 \tag{4-8}$$

通过调整 θ 和 θ' 最小化重构误差 $L(x, \hat{x})$，完成网络训练。因此，AE 的优化目标函数可表示为：

$$\min_{\theta, \theta'} L(x, \hat{x}) \tag{4-9}$$

训练完成的 AE 编码网络可对输入的机械监测数据进行编码，获取其编码向量。

4.2.2 堆叠自编码机智能诊断模型

在构建 SAE 智能诊断模型时，使用快速傅里叶变换（Fast Fourier Transform，FFT）将时域振动数据转化为频谱，并以此作为 SAE 的输入。这是由于 SAE 各层神经元之间为全连接结构，无法直接处理具有时移特性的时域振动数据[10]。FFT 本质上去除了时域振动数据的时间信息，获得了具有时移不变性的频谱，满足了 SAE 对输入数据特性的要求。

SAE 智能诊断模型由多层堆叠的 AE 和具有分类能力的输出层构成，其训练过程与 DBN 智能诊断模型类似：首先逐层预训练多层 AE，然后利用监督学习机制对网络参数进行整体微调。SAE 智能诊断模型的诊断流程如图 4-8 所示，具体包含以下 5 个步骤[11]。

（1）获取机械装备在不同健康状态下的频谱，并组成健康状态样本集 $\{(z_i,y_i)|i=1,2,\cdots,M\}$，$z_i$ 为第 i 个频谱样本，y_i 为其对应的健康状态标记。

（2）构建 SAE 智能诊断模型，确定 SAE 智能诊断模型的隐层数 L 及各层神经元的个数。

（3）逐层预训练 SAE 智能诊断模型。SAE 智能诊断模型的预训练过程如图 4-9 所示，首先通过无监督训练方式逐层训练 L 个 AE。然后将每个 AE 编码层的输出作为下一层 AE 的输入，直到完成 L 个 AE 的训练。最后将这 L 个 AE 的编码网络逐层堆叠形成多隐层的 SAE 智能诊断模型。这一过程可概述如下：

利用机械装备频谱样本 $\{z_i|i=1,2,\cdots M\}$ 训练第一个自编码机 AE_1，并利用 AE_1 的编码网络将 z_i 转换为编码向量 $u_i^{(1)}$：

$$u_i^{(1)} = f_{\theta_1}(z_i) \tag{4-10}$$

式中，$\theta_1=\{\omega_1,b_1\}$ 为 AE_1 编码网络的待训练参数集合。以 $\{u_i^{(1)}|i=1,2,\cdots M\}$ 为输入训练 AE_2，并利用 AE_2 的编码网络将输入编码向量 $u_i^{(1)}$ 转换为编码向量 $u_i^{(2)}$：

$$u_i^{(2)} = f_{\theta_2}\left(u_i^{(1)}\right) \tag{4-11}$$

式中，$\theta_2=\{\omega_2,b_2\}$ 为 AE_2 编码网络的待训练参数集合。

重复上述编码-解码训练过程，直到 AE_L 训练完毕，完成频谱中机械健康信息的逐层编码，并获得：

$$u_i^{(L)} = f_{\theta_L}\left(u_i^{(L-1)}\right) \tag{4-12}$$

式中，$\theta_L = \{\omega_L, b_L\}$ 为 AE_L 编码网络的待训练参数集合。

（4）微调 SAE 智能诊断模型。逐层预训练 SAE 智能诊断模型之后，结合频谱样本 z_i 及其对应的健康状态标记 y_i，利用误差反向传播算法对 SAE 模型的所有参数进行微调，使网络具备识别机械装备健康状态的能力。分类层的输出可以表示为：

$$\hat{y}_i = \sigma_{sm}\left(\omega_{L+1} u_i^{(L)} + b_{L+1}\right) \tag{4-13}$$

式中，$\sigma_{sm}(\cdot)$ 为 Softmax 激活函数；ω_{L+1} 为输出层的权值矩阵；b_{L+1} 为输出层的偏置向量；记输出层的待训练参数为 $\theta_{L+1} = \{\omega_{L+1}, b_{L+1}\}$。最后利用误差反向传播算法最小化式（4-4）所示的目标函数，更新 SAE 智能诊断模型的待训练参数集合 $\{\theta_1, \theta_2, \cdots, \theta_{L+1}\}$，完成微调过程。

（5）使用训练完成的 SAE 智能诊断模型识别机械装备健康状态。将未知健康状态的机械装备频谱输入 SAE 智能诊断模型，实现健康状态的自动识别。

图 4-8　SAE 智能诊断模型的诊断流程

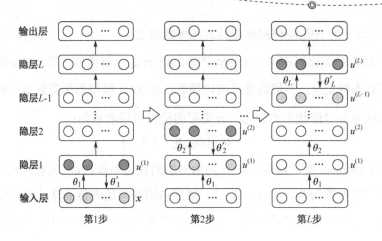

图 4-9　SAE 智能诊断模型的预训练过程

4.2.3　行星齿轮箱智能故障诊断

1. 数据获取

应用 SAE 智能诊断模型识别多级齿轮传动系统中行星齿轮箱的多种健康状态。通过在行星齿轮箱的齿轮上加工故障,模拟 7 种健康状态,即正常状态、第一级太阳轮齿根裂纹、第一级太阳轮点蚀、第一级行星轮齿根裂纹、第一级行星轮剥落、第二级太阳轮剥落与第二级太阳轮缺齿。如表 4-3 所示,多级齿轮传动系统每种健康状态的样本在 8 种工况下采集,其中电动机转速分别为 2 100 r/min、2 400 r/min、2 700 r/min 与 3 000 r/min,并分别在空载和加载两种条件下运行。每种健康状态在 8 种工况下共有 1 888 个样本,每个样本是长度为 2 560 的时域振动数据,采样频率为 5.12 Hz,共获得 13 216 个数据样本。

表 4-3　行星齿轮箱数据集

健康状态类型	工况数	样本个数	训练/测试样本的比例	健康标记
正常	8	1 888	25% / 75%	1
第一级太阳轮齿根裂纹	8	1 888	25% / 75%	2
第一级太阳轮点蚀	8	1 888	25% / 75%	3
第一级行星轮齿根裂纹	8	1 888	25% / 75%	4
第一级行星轮剥落	8	1 888	25% / 75%	5
第二级太阳轮剥落	8	1 888	25% / 75%	6
第二级太阳轮缺齿	8	1 888	25% / 75%	7

2. 诊断结果

首先使用 FFT 将行星齿轮箱的时域振动数据转换为频谱,作为 SAE 智能诊断模型的输入。由于采集的时域振动数据长度为 2 560,转换成频谱后的有效数据长度为 1 280,因此设置 SAE 模型的输入层神经元个数为 1 280。考虑到行星齿轮箱故障数据集中包含 7 种健康状态,设置 SAE 模型的输出层神经元个数为 7。为压缩频谱特征信息,实现特征降维,需设置编码层的神经元个数小于其输入层的神经元个数,因此本节取编码层的神经元个数约为其输入层的 1/2。随机选取数据集中 25%的频谱样本用于模型训练,剩余样本用于模型测试,最小训练批次样本数为 32 个。为减小随机初始化的影响,重复模型的训练-测试实验 15 次。在不同模型层数的设置下(3 层结构:1280-600-7;4 层结构:1280-600-300-7;5 层结构:1280-600-300-100-7),SAE 智能诊断模型的诊断精度和训练时间如图 4-10 所示。由图可见,随着模型层数的增多,SAE 智能诊断模型的测试精度不断提升,同时训练时间也不断增长。当层数达到 5 层时,SAE 模型的测试精度达到 100%。折中考虑测试精度与训练时间,SAE 智能诊断模型的结构参数配置为 1280-600-300-100-7。

图 4-10　不同层数的 SAE 智能诊断模型的诊断精度和训练时间

如表 4-4 所示,在结构参数相同的条件下,基于深层 BPNN 的智能诊断模型的平均训练精度为 79.69%,平均测试精度为 79.79%,诊断精度明显低于 SAE 智能诊断模型。此外,基于深层 BPNN 的智能诊断模型的诊断精度标准差较大,表明该方法的诊断稳定性较差。结构参数为 1280-600-7 的基于浅层 BPNN 的智能诊断模型的平均训练精度为 45.32%,平均测试精度为 44.34%,低于基于深层 BPNN 的智能诊断模型,表明基于浅层 BPNN 的智能诊断模型虽然结构简单、易于训练,但对行星齿轮箱健康状态的识别能力弱于深层网络。基于深层 BPNN 的智能诊断模型虽然使用了深层网络结构,提高了健康状态识别能力,但由于其网络参数的初值由随机初始化方式确定,较差的网络参数初值使该模型向次优的局部极值点收敛,而较好的网络参数初值则促使该模型收敛于较优的局部极值,因而增大了该模型的网络诊断结果标准差。SAE 智能诊断模型通过逐层预训练,使自身具有较好的网络参数初值,再利用监督式微调训练使诊断模型向最优的极值点收敛,因此在结构参数相同的条件下获得了较 BPNN 更高的诊断准确性和稳定性。

表 4-4 行星齿轮箱健康状态的识别结果

方法	训练精度/%		测试精度/%	
	平均值	标准差	平均值	标准差
基于浅层 BPNN 的智能诊断模型	45.32	3.79	44.34	3.93
基于深层 BPNN 的智能诊断模型	79.69	27.98	79.79	28.08
SAE 智能诊断模型	100	0	100	0

利用 PCA 方法分别提取频谱、SAE 智能诊断模型第二层至第四层特征的前三阶主成分,并绘制如图 4-11 所示的散点图。如图 4-11(a)所示为频谱的主成分散点图,由于未进行深度特征提取,再加上不同工况的影响,不同健康状态的样本特征分布散乱。如图 4-11(b)所示为 SAE 智能诊断模型第二层特征的主成分散点图,相比原始的频谱,第二层特征呈现一定的规律:同一健康状态的特征散点开始相互聚集,不同健康状态的特征散点开始相互分离,但依然受工况变化的影响,同一健康状态的散点在部分工况下聚集为不同的簇,如第一级行星轮剥落的特征散点聚集为三簇。如图 4-11(c)所示为 SAE 智能诊断模型第三层特征的主成分散点图,相比第二层特征,第三层提取的特征克服了工况干扰,使同一健康状态的特征散点聚集成一簇,但不同健康状态的特征散点互有交叉,如正常状态与第二级太阳轮缺齿的特征散点分布依然有重合。如图 4-11(d)所示为 SAE 智能诊断模型第四层特征的主成分散点图,可以看到,同一健康状态的特征散点较好地聚集,不同健康状态的特征散点有效分离,因此将该层特征输入 SAE 智能诊断模型的输出层进行分类时,最终获得 100%的识别精度。

图 4-11 频谱特征及 SAE 智能诊断模型中各隐层特征的可视化结果

4.3 加权卷积神经网络智能故障诊断

时域振动信号具有时移特性,以两组轴承外圈故障样本进行说明。如图 4-12 所示,当轴承外圈出现损伤时,轴承滚动体在转动过程中,一旦通过外圈损伤处,便会激发故障冲击信号,故障冲击的周期为 T_1。但由于数据采集开始时间的不确定性,导致不同样本中记录的故障冲击初始激发时间不同,如样本 1 与样本 2 中故障冲击的激发时间相差 T_2,该现象即为时域振动信号的时移特性。SAE 等具有全连接结构的深层神经网络受时域振动信号的时移特性影响,难以从时域信号中提取时移不变性特征[10]。不同于 SAE 等深层模型,CNN 的各层神经元之间采用局部连接,能够提取时域振动信号的局部特征,避免了信号时移特性的影响,从而有效获取了时移不变性特征。

图 4-12 轴承外圈故障样本之间的时移特性

本节首先介绍了 CNN 的基本原理,然后针对智能故障诊断中广泛存在的样本不平衡问题,构建 WCNN 智能诊断模型,在直接建立时域振动信号与机械装备健康状态之间映射关系的基础上,实现样本不平衡条件下的智能故障诊断。

4.3.1 卷积神经网络基本原理

CNN 的局部连接原理源于对猫视觉系统的研究,研究发现,猫视觉系统中用于方向选择等功能的神经元具有局部连接特性,这降低了系统连接的复杂性[12]。据此,日本学者福岛邦彦提出了 CNN 的原型,并将其命名为"新识别机"[13]。深度学习先驱 LeCun 在该网络的训练中引入误差反向传播算法,并提出了 LeNet 模型,正式形成了 CNN 的雏形。在 2012 年的 ImageNet 图像识别挑战赛中,深度 CNN 结构 Alexnet 的提出,显著降低了图像识别的错误率,Alexnet 的提出不仅将 CNN 的研究推向热潮[14],更成为深度学习理论发展的里程碑[15]。CNN 根据输入数据维数的不同,可分为 1 维 CNN、2 维 CNN 与 3 维 CNN。

CNN 一般由卷积层、池化层与全连接层组成。其中,卷积层用于提取输入信号的局部特征,池化层主要用于特征降维,全连接层主要用于分类识别。CNN 通过堆叠连接这三种网络层,将特征提取、特征降维与分类识别统筹到同一个学习框架之中[16]。

1. 卷积层

卷积层的权值矩阵由一组卷积核组成。CNN 在进行前向传播时,每个卷积核对输入信号进行卷积操作，得到的卷积结果可视为提取的输入信号特征。假设在第 l 层卷积层中，使用卷积核 $k^{(l)} \in \mathbb{R}^{J \times D \times H}$ 提取该层输入的特征。其中，J 表示卷积核的个数；D 表示卷积核的通道数；H 表示卷积核的维数。提取的特征可以表示为：

$$x_j^{(l)} = \sigma\left(\sum_d k_{j,d}^{(l)} * x_d^{(l-1)} + b_j^{(l)}\right) \quad (4\text{-}14)$$

式中，$x_j^{(l)}$ 为第 l 层输出的第 j 个通道的特征向量；$\sigma(\cdot)$ 为激活函数；$k_{j,d}^{(l)}$ 为第 j 个卷积核中第 d 个通道的卷积向量；$x_d^{(l-1)}$ 为第 $l-1$ 层输出的第 d 个通道的特征向量；$b_j^{(l)}$ 为卷积层的偏置向量。如图 4-13（a）所示为卷积层的卷积过程。

2. 池化层

池化层对卷积层提取的特征进行降采样，常用的降采样方法有最大池化与平均池化。其中，最大池化提取输入特征向量中相邻 s 个元素的最大值，平均池化计算输入特征向量中相邻 s 个元素的平均值，这两种方式本质上降低了卷积层特征的维数。池化操作不仅能够减少 CNN 的待训练参数量、缩短计算时间，而且可以抑制过拟合现象的发生。以最大池化为例，在第 l 层池化层中，池化操作可以表示为：

$$v_j^{(l)} = \text{down}(x_j^{(l-1)}, s) \quad (4\text{-}15)$$

式中，$\text{down}(\cdot)$ 为最大池化下采样函数；$x_j^{(l-1)}$ 为第 $l-1$ 卷积层中提取的第 j 个通道的特征向量；$v_j^{(l)}$ 为池化后的特征向量；s 为池化参数，它决定了池化后特征的维数。如图 4-13（b）所示为 $s=2$ 时的最大池化过程。

（a）卷积过程　　　　　　　　　　（b）最大池化过程

图 4-13　卷积层与池化层操作过程示意图

3. 全连接层

全连接层的输入为 1 维特征向量，其结构为多隐层 ANN。第 l 个中间隐层的输出 $x^{(l)}$ 可表示为：

$$x^{(l)} = \sigma\left(\omega^{(l)} x^{(l-1)} + b^{(l)}\right) \tag{4-16}$$

式中，$\omega^{(l)} \in \mathbb{R}^{N_{l-1} \times N_l}$，为第 l 个中间隐层的权值矩阵，其中，N_l 为 $x^{(l)}$ 的维数，N_{l-1} 为 $x^{(l-1)}$ 的维数；$b^{(l)}$ 为第 l 个中间隐层的偏置向量。全连接层的最后一层神经元输出分类识别的结果。

4.3.2 加权卷积网络智能诊断模型

机械装备不同健康状态下的监测数据具有不平衡性[17]：①机械装备长期工作于正常状态，故障状态下的样本数量远少于正常状态下的样本数量；②机械装备的复合故障由单一故障发展而来，因此复合故障样本较单一故障样本更难获取，导致其样本数量少于单一故障状态下的样本数量。在 CNN 智能诊断模型的训练过程中，监测数据的不平衡性使 CNN 更易从样本数量多的健康状态中充分地学习诊断知识。然而对于样本数量少的健康状态，由于数据中蕴含的健康信息不足，CNN 所能学到的诊断知识有限[18]。因此，监测数据不平衡下训练的 CNN 诊断模型对样本数量少的健康状态识别能力弱。监测数据平衡下的智能故障诊断如图 4-14（a）所示，由于正常状态与故障状态下的样本数量均较为充足，CNN 智能诊断模型能够有效学到这两种健康状态的诊断知识，并建立合理的诊断决策面判断机械装备是否产生故障。然而，当故障状态下的样本数量远少于正常状态下的样本数时，CNN 智能诊断模型充分地学习了正常状态的诊断知识，而对故障状态的诊断知识学习不足，导致诊断决策面向样本数量少的故障状态偏移，如图 4-14（b）所示。若利用该诊断模型识别无健康标记的故障样本，将导致部分故障样本被识别为正常，造成漏诊。

为有效诊断监测数据不平衡下的机械装备健康状态，本节基于 CNN 构建了 WCNN 智能诊断模型，该模型的网络结构如图 4-15 所示。该模型依次堆叠卷积层与池化层，构成多个特征提取模型，直接从时域监测数据中提取故障深度特征，然后利用全连接层建立故障深度特征与机械装备健康状态之间的映射关系。在 WCNN 智能诊断模型的卷积层与全连接层中，采用权值矩阵归一化策略，并提出加权 Softmax 损失函数对诊断模型进行训练，提高监测数据不平衡下的机械装备健康状态识别精度。下面分别对归一化层与加权 Softmax 损失函数进行介绍。

图 4-14　监测数据平衡与不平衡下的智能故障诊断

图 4-15　WCNN 智能诊断模型的网络结构

1. 归一化层

使用 C、P 与 F 分别代表 CNN 中的卷积层、池化层与全连接层。由于特征提取模块的输入为上一个模块中池化层的输出，因此，式（4-14）所示的卷积层处理过程可改写为：

$$x_j^{C_l} = \sigma_r\left(u_j^{C_l}\right) = \sigma_r\left(k_j^{C_l} * v^{P_{l-1}} + b_j^{C_l}\right) \tag{4-17}$$

式中，$x_j^{C_l}$ 为第 l 个特征提取模块中卷积层输出的第 j 个通道的特征向量；$\sigma_r(\cdot)$ 为 ReLU 激活函数；$k_j^{C_l}$ 为卷积层中第 j 个卷积核；$v^{P_{l-1}}$ 为第 l–1 个特征提取模块中池化层输出的特征向量。

对卷积层的卷积核进行归一化，可得：

$$x_j^{C_l} = \sigma_r \left(\gamma_j^{C_l} \frac{k_j^{C_l}}{\left\| k_j^{C_l} \right\|_F} * v^{P_{l-1}} + b_j^{C_l} \right) \tag{4-18}$$

式中，$\gamma_j^{C_l}$ 为可学习的尺度缩放参数；$\|\cdot\|_F$ 为向量的 Frobenius 范数。式中的权值矩阵优化可以分为两项进行：①优化 $k_j^{C_l} / \left\| k_j^{C_l} \right\|_F$，提高归一化卷积层权值收敛的平稳性；②优化 $\gamma_j^{C_l}$，促进卷积核参数归一化。参数 $\gamma_j^{C_l}$ 的引入，有利于解决深层网络优化时产生的内部变量偏移问题[19]，并在权值矩阵归一化时保留网络的表征能力，减少优化时的误差波动。

使用误差反向传播算法更新归一化卷积层的权值矩阵。假设 ℓ 为 CNN 的损失函数，则第 l 个特征提取模块中卷积层的传递误差为：

$$\delta_j^{C_l} = \frac{\partial \ell}{\partial u_j^{C_l}} = \sigma_r' \left(u_j^{C_l} \right) \odot \text{up} \left(\delta_j^{P_{l+1}} \right) \tag{4-19}$$

式中，$\sigma_r'(\cdot)$ 为 ReLU 激活函数的导数；$u_j^{C_l}$ 为归一化卷积层的线性激活；$\odot$ 表示两个矩阵间对应元素的相乘运算；$\delta_j^{P_{l+1}}$ 为第 l+1 个特征提取模块中池化层的传递误差；up($\cdot$) 为上采样函数，常使用 Kronecker 乘积实现[20]。由此，参数 $\gamma_j^{C_l}$ 与卷积核 $k_j^{C_l}$ 的梯度为：

$$\begin{cases} \dfrac{\partial \ell}{\partial \gamma_j^{C_l}} = \sum_d \left[\sum_u \left(\delta_j^{C_l} \right)_u \left(v_d^{P_{l-1}} \right)_u \odot k_{j,d}^{C_l} / \left\| k_j^{C_l} \right\|_F \right] \\ \dfrac{\partial \ell}{\partial k_j^{C_l}} = \dfrac{\gamma_j^{C_l}}{\left\| k_j^{C_l} \right\|_F} \sum_u \left(\delta_j^{C_l} \right)_u \left(v_d^{P_{l-1}} \right)_u - \dfrac{\gamma_j^{C_l}}{\left\| k_j^{C_l} \right\|_F^2} \dfrac{\partial \ell}{\partial \gamma_j^{C_l}} k_{j,d}^{C_l} \end{cases} \tag{4-20}$$

式中，$\left(v_d^{P_{l-1}} \right)_u$ 表示 $v_d^{P_{l-1}}$ 的片段，可通过与卷积核 $k_{j,d}^{C_l}$ 对应元素相乘获得 $x_d^{C_l}$ 在位置 u 处的值。归一化卷积层中 $b_j^{C_l}$ 的梯度计算与传统卷积层相同。

对全连接层进行归一化，可得：

$$x_n^{F_l} = \sigma_r \left(u_n^{F_l} \right) = \sigma_r \left(\gamma_n^{F_l} \frac{\omega_n^{F_l}}{\left\| \omega_n^{F_l} \right\|_2} x^{F_{l-1}} + b_n^{F_l} \right) \tag{4-21}$$

式中，$\omega_n^{F_l} \in \mathbb{R}^{N_{l-1}}$ 为全连接层权值矩阵的第 n 列向量，$n=1,2,\cdots,N_l$。由此，参数 $\gamma_n^{F_l}$ 与权值列向量 $\omega_n^{F_l}$ 的梯度为：

$$\begin{cases} \dfrac{\partial \ell}{\partial \gamma_n^{F_l}} = \sum_m \left(\delta_n^{F_l} x_m^{F_{l-1}} \cdot \omega_{m,n}^{F_l} \big/ \left\| \omega_n^{F_l} \right\|_2 \right) \\ \dfrac{\partial \ell}{\partial \omega_n^{F_l}} = \dfrac{\gamma_n^{F,l}}{\left\| \omega_n^{F_l} \right\|_2} \delta_n^{F_l} x^{F_{l-1}} - \dfrac{\gamma_n^{F,l}}{\left\| \omega_n^{F_l} \right\|_2^2} \dfrac{\partial \ell}{\partial \gamma_n^{F_l}} \omega_n^{F_l} \end{cases} \quad (4\text{-}22)$$

式中，$\delta_n^{F_l} = \omega_n^{F_{l+1}} \delta^{F_{l+1}} \cdot \sigma_r'\left(u_n^{F_l} \right)$ 为第 l 层全连接层的传递误差。偏置 $b_n^{F_l}$ 的梯度计算与传统全连接层相同。基于上述梯度计算公式与误差反向传播算法，归一化层的参数将得到有效更新。

2. 加权 Softmax 损失函数

WCNN 利用损失函数加权策略提高智能诊断模型在监测数据不平衡下对机械装备健康状态的识别精度：在计算诊断模型对不平衡训练样本的诊断误差时，对样本数量少的健康状态的诊断误差施加较大的权重，提高这些样本在诊断模型训练过程中的比重；对样本数量多的健康状态的诊断误差施加较小的权重，平衡各健康状态样本对误差计算的贡献，使诊断模型能够在监测数据不平衡下充分学习各个健康状态的诊断知识。

假设有训练数据集 $\left\{ (\boldsymbol{x}_i, y_i) \middle| i = 1, 2, \cdots M_{\text{tr}} \right\}$，其中，$x_i$ 为第 l 个训练样本，y_i 为该样本的健康标记，且 $y_i \in \{1, 2, \cdots, R\}$。可统计训练数据集中每种机械装备健康状态的样本个数：

$$n_c = \sum_{i=1}^{M_{\text{tr}}} I(y_i = c), \quad c = 1, 2, \cdots R \quad (4\text{-}23)$$

式中，n_c 为第 c 个健康状态的训练样本个数；$I(\cdot)$ 为指示函数，当输入条件为真时，输出为 1，反之，输出为 0。构建第 c 个健康状态的诊断误差权重为：

$$w_c = \dfrac{1}{n_c} \max\left\{ n_c \middle| c = 1, 2, \cdots, C \right\} \quad (4\text{-}24)$$

由式（4-24）可知，当训练数据集的样本数量平衡分布时，各健康状态的诊断误差权重均为 1；当样本数量不平衡分布时，样本数量少的健康状态的诊断误差权重较大，而样本数量多的健康状态的诊断误差权重较小。结合式（4-24）可得加权 Softmax 损失函数：

$$\ell_{\text{wsl}} = -\dfrac{1}{M_{\text{tr}}} \sum_{i=1}^{M_{\text{tr}}} \sum_{c=1}^{R} w_c I(y_i = c) \log(p_{i,c}) \quad (4\text{-}25)$$

式中，$p_{i,c}$ 为最后一层全连接层（F_3）预测的第 l 个样本属于第 c 个健康状态的概率。利用误差反向传播算法训练 WCNN 的模型参数，最小化式（4-25）所示的损失函数。

4.3.3 机车轮对轴承智能故障诊断

1. 数据介绍

轴承数据集从第 3 章图 3-4 所示的机车轴承测试台架上获取。该数据集中包含内圈故障、外圈故障、滚动体故障三种单一轴承故障数据,以及由这三种单一轴承故障组合而成的轴承复合故障数据。如表 4-5 所示,将不同健康状态下的机车轴承样本组成数据集 A、B、C。在数据集 A 中,从每种轴承健康状态的样本中随机选取 50%组成训练数据集,使用其余 50%的样本进行测试。由于每种健康状态的训练样本数量相同,因此数据集 A 模拟样本平衡的诊断场景。在数据集 B 中,训练数据集由 50%的正常状态样本、30%的单故障状态样本、20%的两种故障复合状态样本及 10%的三种故障复合状态样本组成,模拟样本轻微不平衡的诊断场景。数据集 C 模拟了样本严重不平衡的诊断场景,其训练数据集中包含 50%的正常状态样本、20%的单故障状态样本、5%的两种故障复合状态样本与 2%的三种故障复合状态样本。

表 4-5 机车轮对轴承数据集

健康状态类型	样本个数	训练样本比例			测试样本比例
		数据集 A	数据集 B	数据集 C	数据集 A/B/C
正常状态	1 092	50%	50%	50%	50%
滚动体故障	1 092	50%	30%	20%	50%
内圈故障	1 092	50%	30%	20%	50%
外圈故障	1 092	50%	30%	20%	50%
外圈与滚动体的复合故障	1 092	50%	20%	5%	50%
外圈与内圈的复合故障	1 092	50%	20%	5%	50%
内圈与滚动体的复合故障	1 092	50%	20%	5%	50%
外圈、滚动体与内圈的复合故障	1 092	50%	10%	2%	50%

2. 诊断结果

构建的 WCNN 智能诊断模型的结构参数如表 4-6 所示,由输入层、2 个特征提取模块、全连接层组成。其中,每个特征提取模块依次堆叠了一个卷积层与一个池化层;全连接层为单隐层 ANN 结构。

表 4-6　WCNN 智能诊断模型的结构参数

网络模块	参数名称	参数维数	输出维数
输入层	/	/	1 200
特征提取模块 1	C_1 卷积核	16×1×49	16×1 152
	P_1 池化参数	4	16×288
特征提取模块 2	C_2 卷积核	16×16×21	16×268
	P_2 池化参数	4	16×67
全连接层	F_1 /	/	1 072
	F_2 权值矩阵	1 072×100	100
	F_3 权值矩阵	100×8	8

为验证 WCNN 智能诊断模型中归一化层的有效性，对比分析 S-CNN（使用 Sigmoid 激活函数）、R-CNN（使用 ReLU 激活函数）对数据集 A 的诊断性能。S-CNN、R-CNN 与 WCNN 智能诊断模型具有相同的结构参数与训练参数。三种智能诊断模型对数据集 A 的训练误差、测试误差与梯度分布如图 4-16 所示。由于 S-CNN 使用 Sigmoid 激活函数，模型训练过程中存在梯度消失（如图 4-16（d）所示，梯度分布由 F_2 层至 C_1 层逐渐衰减并趋于 0），导致训练过程缓慢。此外，在模型训练后期（图 4-16（a）中迭代次数大于 1 000 次），测试误差明显大于训练误差，说明模型训练过程中出现过拟合现象。R-CNN 与 WCNN 智能诊断模型均利用了 ReLU 激活函数，缓解了梯度消失问题（如图 4-16（e）所示，由 F_2 层至 C_1 层的梯度分布未出现衰减趋势），加快了模型训练的收敛速度，而且模型训练过程中未出现过拟合现象。对比 R-CNN 与 WCNN 智能诊断模型可知，WCNN 智能诊断模型通过权值归一化策略，使训练误差与测试误差收敛到更小值，提高了模型的性能。分别在数据集 A 上对这三种智能诊断模型进行 10 次训练-测试重复实验，诊断精度的统计结果如表 4-7 所示。S-CNN 智能诊断模型的平均测试精度为 96.48%，标准差为 0.19%，低于 R-CNN 与 WCNN 智能诊断模型，说明 ReLU 激活函数的引入缓解了梯度消失，提高了模型的诊断性能。R-CNN 智能诊断模型的平均测试精度为 97.59%，标准差为 0.61%，低于 WCNN 智能诊断模型 99.22%的平均诊断精度，说明 WCNN 智能诊断模型的归一化层能够通过改善模型的收敛特性，达到提高诊断性能的目的。

图 4-16 三种智能诊断模型对数据集 A 的训练误差、测试误差与梯度分布

应用 WCNN 智能诊断模型识别数据集 B 与 C 中样本的健康状态,验证该模型在监测数据不平衡下的诊断性能,并与 S-CNN 与 R-CNN 智能诊断模型的诊断性能进行对比。通过 10 次训练-测试重复实验,这三种模型诊断精度的统计结果如表 4-7 所示。受样本数量分布不平衡的影响,这三种模型对数据集 B 与 C 的诊断精度在不同程度上均低于数据集 A。WCNN 智能诊断模型通过最小化加权 Softmax 损失函数,训练模型参数,在数据集 B 与 C 上分别获得了 98.19% 与 95.52% 的平均诊断精度,明显高于 S-CNN 与 R-CNN 智能诊断模型,验证了构造的加权 Softmax 损失函数在样本数量分布不平衡诊断问题中的有效性。

表 4-7 三种智能诊断模型对轴承复合故障数据集的识别精度

方法	数据集 A		数据集 B		数据集 C	
	测试精度平均值	标准差	测试精度平均值	标准差	测试精度平均值	标准差
S-CNN	96.48%	0.19%	89.59%	0.57%	74.46%	0.80%
R-CNN	97.59%	0.61%	95.52%	0.70%	88.20%	0.86%
WCNN	99.22%	0.21%	98.19%	0.70%	95.52%	0.97%

4.4 残差网络智能故障诊断

2015 年微软研究院何凯明等人提出了 ResNet，并在当年 ImageNet 挑战赛的图像识别任务中获得了 96.4%的准确率，超过了人类的图像识别能力[21]。ResNet 利用跨层连接思想，在堆叠卷积层过程中添加捷径（Short-cut）连接，学习深层网络恒等变换中的残差信息，不仅通过加深网络层数大幅提高了网络性能，而且缓解了网络层数过深带来的性能退化问题。在此之后，ResNet 结合压缩与激发（Squeeze-and-Excitation，SE）单元形成 SENet，在 2017 年 ImageNet 挑战赛的图像识别任务中一举拿下冠军[22]。受 ResNet 启发，深度学习领域的学者又相继发明了宽度残差网络[23]、稠密连接卷积网络[24]、集成残差变换网络[25]，进一步提高了图像识别的准确率。

在机械故障诊断领域中，ResNet 也得到了关注[26]。本节首先介绍 ResNet 基础模块——残差单元的基本原理，然后构建基于 ResNet 的智能诊断模型，并将其应用于行星齿轮箱的故障智能诊断。

4.4.1 残差单元基本原理

残差单元是 ResNet 的基本模块，其基本原理如图 4-17 所示，由残差函数与捷径连接组成。假设残差函数为两层卷积层堆叠形成的非线性映射 $\Pi(\cdot)$，当给定输入特征 u 时，残差单元输出的泛化特征 $\tilde{u}$ 为输入特征及其非线性映射值之和，可表达为：

$$\tilde{u} = \sigma_r \left[\Pi\left(u; \theta^{(1)}, \theta^{(2)}\right) + u \right] \tag{4-26}$$

式中，$\sigma_r(\cdot)$ 为 ReLU 激活函数；$\theta^{(1)}$ 为第一个卷积层的网络参数；$\theta^{(2)}$ 为第二个卷积层的网络参数。为保证残差单元运算的执行，输入特征的维数需与其非线性映射后的特征维数相等。因此，当残差函数由卷积层堆叠而成时，卷积运算常采用零填充方式，即在输入特征的边缘使用零值进行填充，控制特征在卷积运算前后的维数不变。

图 4-17 残差单元的基本原理

残差单元中的捷径连接不引入额外的网络参数，因此残差单元的训练过程即更新残差函数的参数，使堆叠的卷积层能够从输入特征中表征更深层的泛化特征。当 $\Pi(u) \to 0$ 时，堆叠的卷积层实现了输入特征的恒等映射，从而缓解了由于网络层数过深引起的性能退化。

4.4.2 基于残差网络的智能诊断模型

通过堆叠残差单元，构建基于 ResNet 的智能诊断模型，如图 4-18 所示，图中 C、R、P、F 分别代表卷积层、残差单元、池化层及全连接层。该模型由输入层、多级残差单元和全连接层组成。其中，输入层首先通过卷积层直接处理时域振动信号，从中表征数据特征，然后利用最大池化层对提取的数据特征进行降维。多级残差单元共堆叠了 L 个残差单元，即当前残差单元的输出为下一残差单元的输入。每个残差单元由两个卷积层串联组成，为保证残差单元的运算执行，卷积层均采用零填充方式使卷积处理前后的特征维度不变。多级残差单元表征的振动信号深层特征再次经最大池化层降维后，输入全连接层。全连接层由单隐层 ANN 构成，建立提取的深层特征与机械装备健康状态之间的映射关系。最后，利用误差反向传播算法最小化式（4-4）所示的目标函数，完成 ResNet 智能诊断模型的训练。构建的智能诊断模型中，F_3 层配置了 Softmax 激活函数，预测输入样本分别属于各个健康状态的概率分布。除此之外，各卷积层、全连接层均配置 ReLU 激活函数，克服了深层网络训练过程中常出现的梯度消失问题，加快了模型收敛速度，提高了模型对机械装备健康状态的诊断精度。

图 4-18 基于 ResNet 的智能诊断模型

4.4.3 行星齿轮箱智能故障诊断

1. 数据获取

以第 2 章图 2-25 中多级齿轮传动系统的行星齿轮箱为对象,应用基于 ResNet 的智能诊断模型,识别其多种故障状态。实验模拟了行星齿轮箱的 7 种健康状态,即正常、第一级太阳轮裂纹、第一级太阳轮磨损、第一级行星轮裂纹、第一级行星轮剥落、第二级太阳轮剥落与第二级太阳轮缺齿。每种健康状态的样本在 8 种工况下进行采集,共获得样本 1 3216 个,如表 4-8 所示。

表 4-8 行星齿轮箱数据集

健康状态类型	工况数	样本个数	训练/测试样本的比例	健康标记
正常	8	1 888	20% / 80%	1
第一级太阳轮裂纹	8	1 888	20% / 80%	2
第一级太阳轮磨损	8	1 888	20% / 80%	3

续表

健康状态类型	工况数	样本个数	训练/测试样本的比例	健康标记
第一级行星轮裂纹	8	1 888	20% / 80%	4
第一级行星轮剥落	8	1 888	20% / 80%	5
第二级太阳轮剥落	8	1 888	20% / 80%	6
第二级太阳轮缺齿	8	1 888	20% / 80%	7

2. 诊断结果

ResNet 智能诊断模型的参数设置如下：卷积层 C_{inp} 的卷积核长度为 128；多级残差单元中使用的卷积层核长度均为 3；全连接层 F_1、F_2、F_3 的神经元个数分别为 256、128、7。诊断模型训练时采用 Adam 优化算法，学习率设置为 0.001。为分析残差单元中捷径连接对智能诊断模型性能的影响，构建 CNN 智能诊断模型与 ResNet 模型进行性能对比。CNN 诊断模型仅去除了 ResNet 模型中各个残差单元的捷径连接，形成由两层卷积层堆叠而成的卷积块，其他结构参数不变。分别在 ResNet 智能诊断模型与 CNN 智能诊断模型中堆叠不同数量（1~10）的残差单元或卷积块，在每种结构配置下，进行训练-测试重复实验 15 次，诊断精度的统计结果如图 4-19 所示。由图可知，在相同数量的残差单元或卷积块配置下，ResNet 智能诊断模型的平均诊断精度均高于 CNN 智能诊断模型，标准差更小。随着模型层数的加深，CNN 智能诊断模型的平均诊断精度先上升至 92.95%后下降至 75.71%，而 ResNet 智能诊断模型的诊断精度逐渐提高至 99.6%，而且未出现衰减。上述结果表明，残差单元中引入的捷径连接能够缓解深度诊断模型随网络层数加深而产生的诊断性能退化现象。

图 4-19 ResNet 与 ConvNet 智能诊断模型的诊断精度

当卷积单元或残差单元数目分别配置为 2、6、10 时，提取 ResNet 智能诊断模型与 CNN

智能诊断模型中 F_2 层的样本特征，然后利用 t-SNE 算法将这些特征降维投影至二维平面，并绘制散点图可视化特征分布，如图 4-20 所示。当卷积块数量由 2 增加至 6 时，CNN 智能诊断模型提取的样本特征在同一健康状态上逐渐聚集，在不同健康状态上逐渐分离，但当卷积块数量持续增加至 10 时，不同健康状态的样本特征开始混叠，说明 CNN 智能诊断模型随着网络层数的加深出现了诊断性能退化。相比之下，当 ResNet 智能诊断模型增加残差单元的数量时，提取的样本特征在同一健康状态上不断聚集，在不同健康状态上散点间的边界愈加清晰。例如，当残差单元数量为 2 时，第二级太阳轮剥落样本的特征由于工况变化的影响而分散聚集在不同的簇，当残差单元数量提高到 10 时，这类样本的特征散点聚集为同一簇。上述结果表明，随着网络层数的加深，ResNet 智能诊断模型不仅能够克服因网络层数的加深而导致的诊断性能退化现象，而且能够获得对工况变化鲁棒的特征。

图 4-20 CNN 和 ResNet 智能诊断模型提取的特征

本章小结

本章结合深度学习理论,实现了监测数据中故障特征的自适应表征,并克服了传统智能诊断方法泛化能力不足、难以处理日益增长的机械监测大数据等缺陷。首先,建立了 DBN 智能诊断模型,并利用 PSO 算法辅助构造最优网络结构,提升了智能诊断方法的诊断精度。然后,构建了 SAE 智能诊断模型,利用逐层预训练策略初始化 SAE 的网络参数,获得了较浅层和深层 BPNN 智能诊断模型更高的诊断准确性和稳定性。之后,针对工程实际中样本数量的不平衡分布问题,提出了 WCNN 智能诊断模型,不仅直接建立了原始振动信号输入与健康状态输出之间的非线性映射,而且实现了样本数量不平衡分布条件下的机械健康状态的准确识别。最后,构建了 ResNet 智能故障诊断模型,并将其应用于行星齿轮箱的智能故障诊断,取得了较高的诊断精度,解决了深度智能诊断模型随网络层数加深而产生的性能退化问题。

参考文献

[1] HINTON G E, SALAKHUTDINOV R R. Reducing the dimensionality of data with neural networks[J]. Science, 2006, 313(5786): 504-507.

[2] GOODFELLOW I, BENGIO Y, COURVILLE A. Deep learning[M]. MIT Press, 2016.

[3] 周志华. 机器学习[M]. 北京:清华大学出版社,2016.

[4] ACKLEY D H, HINTON G E, SEJNOWSKI T J. A learning algorithm for Boltzmann machines[J]. Cognitive Science, 1985, 9(1): 147-169.

[5] DENG L, SELTZER M L, YU D, et al. Binary coding of speech spectrograms using a deep auto-encoder[C]//Annual Conference of the International-Speech-Communication-Association in Makuhari, Japan, September 26-30, 2010.

[6] VINCENT P, LAROCHELLE H, LAJOIE I, et al. Stacked denoising autoencoders: Learning useful representations in a deep network with a local denoising criterion[J]. Journal of Machine Learning Research, 2010, 11: 3371-3408.

[7] RIFAI S, MESNIL G, VINCENT P, et al. Higher order contractive auto-encoder[C]//European Conference on Machine Learning and Knowledge Discovery in Databases in Athens, Greece, September 5-9, 2011: 645-660.

[8] DENG J, ZHANG Z, MARCHI E, et al. Sparse autoencoder-based feature transfer learning for speech emotion recognition[C]//International Conference on Affective Computing and Intelligent Interaction in Geneva, Switzerland, September 2-5, 2013: 511-516.

[9] KINGMA D P, WELLING M. Auto-encoding variational bayes[C]//International Conferen ce on Learning Representations in Banff, Canada, Apri 14-16, 2014.

[10] JIA F, LEI Y, GUO L, et al. A neural network constructed by deep learning technique and its application to intelligent fault diagnosis of machines[J]. Neurocomputing, 2018, 272: 619-628.

[11] JIA F, LEI Y, LIN J, et al. Deep neural networks: A promising tool for fault characteristic mining and intelligent diagnosis of rotating machinery with massive data[J]. Mechanical Systems and Signal Processing, 2016, 72-73: 303-315.

[12] HUBEL D H, WIESEL T N. Receptive fields and functional architecture of monkey striate cortex[J]. The Journal of physiology, 1968, 195(1): 215-243.

[13] FUKUSHIMA K. Neocognitron: A self-organizing neural network model for a mechanism of visual pattern recognition[J]. Biological Cybernetics, 1980, 36(4): 193-202.

[14] RUSSAKOVSKY O, DENG J, SU H, et al. ImageNet large scale visual recognition challenge[J]. International Journal of Computer Vision, 2015, 115(3): 211-252.

[15] LECUN Y, BENGIO Y, HINTON G. Deep learning[J]. Nature, 2015, 521(7553): 436-444.

[16] JIA F, LEI Y, LU N, et al. Deep normalized convolutional neural network for imbalanced fault classification of machinery and its understanding via visualization[J]. Mechanical Systems and Signal Processing, 2018, 110: 349-367.

[17] MARTIN-DIAZ I, MORINIGO-SOTELO D, DUQUE-PEREZ O, et al. Early fault detection in induction motors using AdaBoost with imbalanced small data and optimized sampling[J]. IEEE Transactions on Industry Applications, 2017, 53(3): 3066-3075.

[18] GUO H, LI Y, SHANG J, et al. Learning from class-imbalanced data: Review of methods and applications[J]. Expert Systems with Applications, 2016, 73: 220-239.

[19] IOFFE S, SZEGEDY C. Batch normalization: Accelerating deep network training by reducing internal covariate shift[C]//International Conference on Machine Learning in Lille, France, July 6-11, 2015: 448-456.

[20] BOUVRIE J. Notes on Convolutional Neural Networks[EB/OL]. http://cogprints.org/5869, 2007-12-10.

[21] HE K, ZHANG X, REN S, et al. Deep residual learning for image recognition[C]//IEEE Conference on Computer Vision and Pattern Recognition in Las Vegas, USA, June 26-July 7, 2016: 770-778.

[22] HU J, SHEN L, SUN G. Squeeze-and-excitation networks[J]. arXiv preprint arXiv: 1709.01507, 2017.

[23] ZAGORUYKO S, KOMODAKIS N. Wide residual networks[J]. arXiv preprint arXiv: 1605.07146, 2016.

[24] HUANG G, LIU Z, DER MAATEN L V, et al. Densely connected convolutional networks[C]//IEEE Conference on Computer Vision and Pattern Recognition in Honolulu, USA, July 21-26, 2017: 2261-2269.

[25] XIE S, GIRSHICK R B, DOLLAR P, et al. Aggregated residual transformations for deep neural networks[C]//IEEE Conference on Computer Vision and Pattern Recognition in Honolulu, USA, July 21-26, 2017: 5987-5995.

[26] ZHAO, M, KANG M, TANG B, et al. Deep residual networks with dynamically weighted wavelet coefficients for fault diagnosis of planetary gearboxes[J]. IEEE Transactions on Industrial Electronics, 2017, 65(5): 4290-4300.

第 5 章

机械装备故障迁移智能诊断

机械智能故障诊断的有效性往往建立在可用监测数据充足的基础上，即要求用于训练智能诊断模型的数据具有丰富的典型故障信息、充足的健康标记信息。然而，这在工程实际中却难以满足，主要由于以下两个原因[1]：①机械装备在长期运行过程中多处于正常运行状态，故障的发生存在不确定性且持续周期较短，因此获得的故障样本数量远远少于正常样本数量，导致监测大数据中的典型故障信息不全；②虽然工程实际中能够获取海量数据，但其中仅有少量数据对应的机械装备健康状态已知，可用于训练智能诊断模型，大多数数据需要标注其对应的健康状态，而标记数据代价高昂，如不可频繁停机自检故障、人工标记数据费时费力，致使监测大数据的健康标记信息匮乏。

迁移学习作为新兴的机器学习方法，可望克服智能故障诊断在工程实际应用中所面临的挑战。根据《中国机器学习白皮书》对迁移学习的定义[2]，迁移学习是运用已存有的知识对领域不同但相关的问题进行求解的一种新的机器学习方法。因此，它能将已有机械装备的诊断知识运用到相关机械装备的故障诊断问题中，旨在：①利用已有机械装备监测数据中丰富的典型故障信息，弥补拟诊断装备的典型故障信息缺失；②降低智能诊断模型的训练对大量含标记样本的过分依赖。

本章首先描述了迁移诊断问题，引入了领域与诊断任务两个基本概念，给出了常见的迁移诊断任务类型，并对迁移智能诊断方法进行了分类。然后分别介绍了基于实例加权与基于浅层特征分布适配的迁移智能诊断方法，并将其分别应用于同装备迁移诊断任务与跨装备迁移诊断任务。之后结合深度学习与迁移学习理论，提出了多核特征空间适配的深度迁移智能诊断方法,不仅实现了核函数参数的自适应确定,而且提高了浅层特征分布适配方法的诊断精度。最后引入对抗训练机制,建立了特征对抗适配的深度迁移智能诊断方法,提高了迁移诊断精度。

5.1 迁移诊断问题

5.1.1 领域与诊断任务

结合迁移学习的相关概念与术语,迁移诊断问题涉及领域与诊断任务两个基本概念[3]。其中,领域 $\mathcal{D}$ 由 d 维数据空间 X 及其边缘概率分布 $P(x)$ 组成,即 $\mathcal{D} = \{X, P(x) | x \in X\}$;诊断任务 $\mathcal{T}$ 包括健康标记空间 Y 与智能诊断模型 $f(\cdot)$,即 $\mathcal{T} = \{Y, f(\cdot)\}$。标记空间大小由机械装备的健康状态类别数决定,智能诊断模型表征了由数据空间 X 至健康标记空间 Y 的映射关系 $f: X \to Y$,这种映射关系通过利用含标记的数据集训练获得,包含了数据集中蕴含的诊断知识。

若给定源域 $\mathcal{D}^s = \{X^s, P(x^s) | x^s \in X^s\}$ 与目标域 $\mathcal{D}^t = \{X^t, P(x^t) | x^t \in X^t\}$、源域诊断任务 $\mathcal{T}^s = \{Y^s, f_s(\cdot)\}$ 与目标域诊断任务 $\mathcal{T}^t = \{Y^t, f_t(\cdot)\}$,则迁移诊断的目标为:当 $\mathcal{D}^s \neq \mathcal{D}^t$ 或 $\mathcal{T}^s \neq \mathcal{T}^t$ 时,提高目标域样本的诊断精度。针对源域与目标域有如下假设[1][4]。

(1)源域 $\mathcal{D}^s$ 为迁移诊断提供从源域诊断任务 $\mathcal{T}^s$ 中学到的诊断知识,包括含健康标记的数据空间 X^s 和数据样本的边缘概率分布 $P(x^s)$。

(2)目标域 $\mathcal{D}^t$ 是源域中诊断知识的应用对象,其中,数据空间 X^t 含少量甚至无健康标记,数据样本的概率分布为 $P(x^t)$,且 $P(x^s) \neq P(x^t)$。

(3)源域与目标域之间应具有相关的诊断知识,源域须满足目标域的诊断知识需要,要求源域的健康标记空间 Y^s 须覆盖目标域的健康标记空间 Y^t,即 $Y^t \subseteq Y^s \subseteq Y$。

5.1.2 迁移诊断任务类型

根据源域与目标域之间差异性的形成原因不同,迁移诊断任务可分为两大类[5]:同装备迁移诊断任务与跨装备迁移诊断任务,如表 5-1 所示。

表 5-1 迁移诊断任务类型

迁移诊断任务	基本假设		领域差异性的诱因
	源域	目标域	
同装备迁移诊断任务	健康标记可用	• 少部分健康标记可用 • 无健康标记可用	• 转速变化 • 负载变化 • 工作环境变化
跨装备迁移诊断任务	健康标记可用	• 少部分健康标记可用 • 无健康标记可用	• 结构不同 • 型号不同 • 测试环境不同 • 服役环境不同

1. 同装备迁移诊断任务

同装备迁移诊断任务中，转速、负载、工作环境等因素的变化常常导致监测数据呈现明显的非平稳性，因此，数据样本在特征空间中的分布随环境工况的变化发生偏移，降低了已训练完成的智能诊断模型对未知环境工况下数据样本的诊断精度。此时，机械故障迁移诊断旨在提高诊断模型对环境工况变化的健壮性。

2. 跨装备迁移诊断任务

跨装备迁移诊断任务中，源域机械装备与目标域机械装备在物理结构、装备型号、服役与测试环境等诸多方面均存在差异，因此，源域与目标域数据的差异性显著。若直接利用源域数据训练的诊断模型识别目标域机械装备的健康状态，将造成严重的误诊、漏诊。然而，源域与目标域机械装备之间存在相似的工作原理及故障诊断知识，若能缩小两者监测数据之间的差异性，则可望将源域机械装备的诊断模型运用于目标域机械装备的诊断任务中，克服目标域因健康标记数据不足而难以训练出性能可靠的诊断模型的缺陷。

5.1.3 迁移智能诊断方法分类

针对同装备与跨装备迁移诊断任务，迁移智能诊断方法可分为实例加权、参数迁移、特征迁移等[5]，如表 5-2 所示。

1. 实例加权

实例加权根据源域与目标域样本间的相似度构建源域样本的加权机制,使源域样本能够辅助训练目标域的智能诊断模型,提高其诊断精度。常用的实例加权方法包括 TrAdaboost 算法、核均值匹配(Kernel Mean Matching,KMM)、KL 重要性估计过程(Kullback-Leibler Importance Estimation Procedure,KLIEP)等。实例加权的迁移智能诊断具有良好的理论支撑,易于推导模型的误差上界,但该方法通常只适用于源域与目标域差异性较小的同装备迁移诊断任务,对于差异性显著的跨装备迁移诊断任务,效果不佳[3]。

2. 参数迁移

参数迁移基于诊断模型的预训练-反向微调策略实现:首先利用源域数据预训练诊断模型,则模型的网络参数中储存了源域数据中蕴含的诊断知识;然后利用少量含标记的目标域数据对预训练模型的网络参数或部分参数进行微调,使之能够满足目标域样本的诊断需要。由于目标域中含标记的样本数量有限,当源域与目标域差异性较大时,这些目标域样本不足以反向微调出性能可靠的诊断模型。因此,参数迁移与实例加权方法相似,适用于同装备迁移诊断任务。

3. 特征迁移

特征迁移通过减小源域与目标域样本特征的分布差异,使源域智能诊断模型能够解决目标域的诊断问题,并在跨装备迁移诊断任务中表现出较好的迁移性能。特征迁移包括特征分布适配与深度迁移,其中常用的特征分布适配方法,有迁移成分分析(Transfer Component Analysis,TCA)、联合分布适配(Joint Distribution Adaptation,JDA)、结构对应学习(Structural Corresponding Learning,SCL)等。深度迁移是特征分布适配的二次创新,它结合深度学习能够自适应表征样本深层特征的优势,有效提高了传统特征分布适配的迁移性能,近年来受到了国内外学者的广泛关注。常用的深度迁移方法有深度领域融合(Deep Domain Confusion,DDC)、领域对抗神经网络(Domain-Adversarial Neural Network,DANN)、对抗判别领域适配(Adversarial Discriminative Domain Adaptation,ADDA)等。下面详述了实例加权、特征分布适配、深度迁移这三种常用的迁移智能诊断方法及其应用。

表 5-2 迁移智能诊断方法分类

类型	适用的迁移诊断任务		方法
	同装备	跨装备	
实例加权	√		TrAdaboost、KMM、KLIEP
参数迁移	√		预训练-反向微调策略
特征迁移	√	√	特征分布适配：TCA、JDA、SCL 深度迁移：DDC、DANN、ADDA

5.2 基于实例加权的迁移智能诊断

在实例加权迁移诊断方法中，由于给定的目标域 $\mathcal{D}^t = \{X^t, P(x^t)\}$ 仅包含少量含健康标记的样本，不足以监督训练并获得具有高诊断精度的智能诊断模型 $f_t(\cdot)$。相较之下，源域 $\mathcal{D}^s = \{X^s, P(x^s)\}$ 中的样本均含有健康标记，且其中部分样本与目标域样本相似，有助于提高诊断模型 $f_t(\cdot)$ 的诊断精度。因此，基于实例加权的迁移诊断旨在根据源域与目标域样本之间的相似度重新为源域样本分配权重，辅助训练目标域诊断模型，降低其经验风险 $R_t[f_t(\cdot); \mathcal{D}^t \sim P(x^t)] = E[f_t(x_i^t) \neq y_i^t]$。在这一过程中，由于给定源域与目标域样本的概率分布 $P(x^s)$ 与 $P(x^t)$ 未知，无法准确度量两者之间的相似度。针对这一问题，国内外学者开展了 KMM、KLIEP 等实例加权方法的研究[6][7]，致力于估计源域与目标域样本的概率密度比值，即权重 $P(x^t)/P(x^s)$，并以此对源域样本进行加权，使其概率分布与目标域样本的概率分布相似。TrAdaboost 算法是经典的实例加权迁移方法，它基于 Boosting 思想，将 Adaboost 算法扩展到了迁移学习领域，利用源域样本提升了目标域诊断模型的性能[8]。本节首先介绍了 TrAdaboost 算法的基本原理，然后基于 TrAdaboost 算法建立了迁移智能诊断策略，并将其应用于行星齿轮箱的跨工况迁移诊断任务。

5.2.1 TrAdaboost 算法描述

由于源域数据集与目标域数据集之间存在差异性，而且目标域的含标记样本数量远少于源域，如图 5-1（a）所示，若直接利用源域数据辅助训练目标域的智能诊断模型，则该模型仅充分学习了源域样本的诊断知识，但对目标域样本的诊断知识学习有限。这导致训练得到的诊断决策面对目标域样本存在较大的诊断误差。

TrAdaboost 算法考虑到源域数据集中部分样本与目标域的含标记样本相似，可以辅助训练目标域的智能诊断模型，因此基于调整源域样本权重的基本思想，提高目标域诊断模型的性能。该算法拓展了传统的 Adaboost 算法，使之具有迁移学习的能力。该算法的核心在于利用 Boosting 思想构建一种源域样本权重的自动调整机制，筛除源域中与目标域数据相似度低的样本。如图 5-1（b）所示，利用目标域中含标记的样本训练一个待提升的诊断模型，并基于权重自动调节机制对模型进行迭代训练：当模型的诊断决策面误分了某个目标域的训练样本时，则在下一次迭代训练中，提高该目标域样本的权重，减少其被误分的概率；当模型误分了某个源域的训练样本时，认为该源域样本与目标域样本差异较大，则在下一次迭代训练中，降低该源域样本的权重。基于上述权重自动调节机制训练目标域的诊断模型，能够推动诊断决策面向降低诊断误差的方向移动，最终达到提高目标域样本诊断精度的目的[9]。

（a）非迁移智能诊断　　（b）基于实例加权的迁移智能诊断

图 5-1　TrAdaboost 算法基本原理

5.2.2　基于 TrAdaboost 算法的迁移诊断策略

基于 TrAdaboost 算法的迁移诊断策略主要包括两部分：待提升的目标域智能诊断模型建立及基于 TrAdaboost 算法的模型迭代训练。

假设目标域监测数据集 $\hat{X}^t = \left\{ \left(x_i^t, y_i^t \right) \middle| i = 1, 2, \cdots, m \right\}$ 由少量的含健康标记样本组成，并初

始化一个待提升的目标域诊断模型 $f_t^{(1)}(\cdot)$，本节以 SVM 为例构建诊断模型。另给定源域监测数据集 $X^s = \{(x_i^s, y_i^s) | i = 1, 2, \cdots, n\}$ 由大量含健康标记的样本组成，并假设用于 TrAdaboost 算法迭代训练的数据集为 $T = X^s \cup \hat{X}^t$，迭代次数为 N，则目标域诊断模型的迭代训练依次执行如下步骤[8]。

（1）初始化训练数据集样本的权重向量 $\omega^{(1)} = \left[\omega_1^{(1)}, \omega_2^{(1)}, \cdots, \omega_i^{(1)}, \cdots, \omega_{n+m}^{(1)}\right]$，其中，

$$\omega_i^{(1)} = \begin{cases} 1/n, & i = 1, 2, \cdots, n \\ 1/m, & i = n+1, n+2, \cdots, n+m \end{cases} \tag{5-1}$$

（2）设置 $\beta = 1 / \left(1 + \sqrt{2 \ln n / N}\right)$。假设当前迭代次数 $k \in \{1, 2, \cdots, N\}$，迭代执行步骤（3）～步骤（7）。

（3）设置训练数据集 T 上的权重分布 p^t 满足：

$$p^t = \frac{\omega^{(k)}}{\sum_{i=1}^{n+m} \omega_i^{(k)}} \tag{5-2}$$

（4）调用第 k 次训练后的智能诊断模型 $f_t^{(k)}(\cdot)$，并根据训练数据集 T 及在数据集 T 上的权重分布 p^t，对模型进行加权训练。

（5）计算模型 $f_t^{(k)}(\cdot)$ 在目标域监测数据集 $\hat{X}^t$ 上的错误率：

$$\varepsilon_{(k)} = \sum_{i=n+1}^{n+m} \frac{\omega_i^{(k)} \cdot \text{sgn} \left| f_t^{(k)}(x_i) - y_i \right|}{\sum_{i=n+1}^{n+m} \omega_i^{(k)}} \tag{5-3}$$

（6）设置 $\beta_{(k)} = \varepsilon_{(k)} / (1 - \varepsilon_{(k)})$，其中 $\varepsilon_{(k)} < 1/2$。当 $\varepsilon_{(k)} > 1/2$ 时，设置 $\varepsilon_{(k)} = 1/2$。

（7）根据 $\varepsilon_{(k)}$ 更新下一次迭代时的权重，即：

$$\omega_i^{(k+1)} = \begin{cases} \omega_i^{(k)} \cdot \beta^{\text{sgn}|f_t^{(k)}(x_i) - y_i|}, & i = 1, 2, \cdots, n \\ \omega_i^{(k)} \cdot \beta_{(k)}^{-\text{sgn}|f_t^{(k)}(x_i) - y_i|}, & i = n+1, n+2, \cdots, n+m \end{cases} \tag{5-4}$$

（8）当迭代训练完成后，输入目标域的无健康标记测试数据 $X^t = \{x_i^t | i = 1, 2, \cdots, l\}$，并通过式（5-5）输出这些样本的诊断结果：

$$f_t(x_i^t) = \begin{cases} y_i^t, & \sum_{k=\lceil N/2 \rceil}^{N} \ln(1/\beta_{(k)}) I\left[f_t^{(k)}(x_i^t) = y_i^t\right] \geq \frac{1}{2} \sum_{k=\lceil N/2 \rceil}^{N} \ln(1/\beta_{(k)}) \\ 0, & \text{其他} \end{cases} \tag{5-5}$$

式中，$I(\cdot)$ 为指示函数。

在 TrAdaboost 算法的每次迭代中，若源域样本被误分，表明该样本与目标域样本的相似度较低，则降低该样本的权重系数，即权重乘以 $\beta^{\text{sgn}|f_t^{(k)}(x_i)-y_i|} \in [0,1]$，抑制该样本在下一次迭代过程中对训练目标域诊断模型的贡献度。经过若干次迭代训练后，与目标域样本相似的源域样本拥有较大权重，而其他样本的权重较小，最终通过辅助训练，提高目标域智能诊断模型的诊断精度。

5.2.3 行星齿轮箱的跨工况迁移故障诊断

下面通过行星齿轮箱的跨工况迁移诊断任务说明基于 TrAdaboost 算法的迁移智能诊断方法的应用。

1. 迁移诊断数据集

选用的两级行星齿轮箱包含 6 种健康状态：正常、第一级太阳轮裂纹、第二级太阳轮缺齿、第一级行星轮裂纹、第一级行星轮轴承内圈磨损、第一级行星轮轴承滚针裂纹。在第 2 章图 2-25 中的多级齿轮传动系统实验台上，获得如表 5-3 所示的三个迁移数据集，每个数据集都包含上述 6 种健康状态。其中，数据集 A 在电动机转速设置为 1 800 r/min、磁粉制动器处于空载状态下采集；数据集 B 在电动机转速为 1 800 r/min、磁粉制动器处于加载状态时采集；数据集 C 在电动机转速设置为 2 700 r/min、磁粉制动器处于空载状态时采集。在采集上述数据集的振动数据时，均设置采样频率为 5.12 kHz，测试结束后，共获得样本 900 个，每个样本中包含 1 200 个采样点。

表 5-3 行星齿轮箱不同工况下的迁移诊断数据集

数据集	样本数	电动机转速（r/min）	负载状态	健康状态
A	900 (150×6)	1 800	空载	正常
B	900 (150×6)	1 800	加载	第一级太阳轮裂纹
C	900 (150×6)	2 700	空载	第二级太阳轮缺齿 第一级行星轮裂纹 第一级行星轮轴承内圈磨损 第一级行星轮轴承滚针裂纹

根据表 5-3 中的数据集 A、B、C，分别设置两个迁移诊断任务 A→B 与 A→C。其中，任务 A→B 用于模拟变负载工况下的迁移诊断，任务 A→C 用于模拟变转速工况下的迁移诊断。在这两个迁移诊断任务中，数据集 A 被视为源域，数据集 B、C 分别被视为目标域，由于源域与目标域样本均在不同的工况下采集，因此，数据集 A 与数据集 B、C 之间存在因工况变化而引入的样本分布差异。作为源域，数据集 A 中所有样本的健康标记均已知，而在被视为目标域的数据集 B、C 中，假设仅有 4%的样本含健康标记。基于上述设定，迁移诊断任务 A→B 与 A→C 的目标为：当目标域数据集 B、C 的可用训练样本较少且不足以训练性能可靠的智能诊断模型时，利用数据集 A 辅助训练诊断模型，提高其对目标域样本的诊断精度，即利用源域中的所有样本和目标域中随机选取的 4%的样本训练智能诊断模型，使之能够识别目标域中剩余 96%的样本对应的健康状态。

2. 迁移诊断结果

分别提取源域与目标域样本的 19 种故障特征，包括 11 种时域特征和三层小波包分解后获得的 8 个频带能量指标。然后，以源域与目标域样本的特征集为输入，并结合 TrAdaboost 算法，提高目标域 SVM 智能诊断模型 $f_t(\cdot)$ 的诊断精度。为降低目标域样本随机采样对诊断精度的影响，重复开展 10 次训练-测试实验，并取这 10 次结果的统计值作为 TrAdaboost 算法性能的评价结果。另选取两种智能诊断模型与基于 TrAdaboost 算法的智能诊断模型进行对比，方法 1 为无 TrAdaboost 算法辅助的 SVM 智能诊断模型，该模型选取高斯核函数作为非线性映射函数，核宽度选择范围为 $\{1,10,10^2,\cdots,10^9\}$，软间隔约束的惩罚因子选取范围为 $\{1,10,10^2,\cdots,10^9\}$，在最优参数组合下确定模型对测试集的诊断精度。方法 2 为无 TrAdaboost 算法辅助的 K 最近邻算法（K-Nearest Neighbor，KNN）的智能诊断模型，在该模型中，临近数 K 的选取范围为 $\{2,4,8,16,32,64,128\}$，搜索最优参数下模型对目标域测试样本的诊断精度。三种方法在两个迁移诊断任务上的诊断结果对比如表 5-4 所示。

表 5-4　三种方法在两个迁移诊断任务上的诊断结果对比（%）

迁移诊断任务	方法 1	方法 2	构建的迁移诊断模型
A→B	83.33	82.78	91.12±1.94
A→C	88.33	87.78	90.89±3.94

由表 5-4 可知，基于 TrAdaboost 算法的智能诊断模型通过对源域样本进行加权，提高了其中与目标域样本相似的样本在模型训练过程中的贡献度，使模型在目标域样本上的诊断精度有所提高。相比之下，由于源域与目标域样本之间存在分布差异，当直接利用源域与少量目标域样本训练基于 SVM 或 KNN 的诊断模型时，模型对目标域无标记样本的诊断精度降低。

5.3 基于特征分布适配的迁移智能诊断

特征分布适配方法即使在目标域样本仅含有极少量甚至无标记时，仍能完成迁移诊断任务。给定目标域 $\mathcal{D}^t = \{X^t, P(x^t)\}$，其中，数据空间 X^t 仅包含无健康标记的样本，无法监督训练并获得目标域的智能诊断模型 $f_t(\cdot)$。源域 $\mathcal{D}^s = \{X^s, P(x^s)\}$ 中的数据空间 X^s 包含大量含健康标记的样本，能够训练并获得性能可靠的源域智能诊断模型 $f_s(\cdot)$。因此，特征分布适配旨在学习特征变换 $\Phi(\cdot)$，使迁移特征 $\Phi(x^s)$ 与 $\Phi(x^t)$ 具有相似的概率分布，从而将源域诊断模型 $f_s(\cdot)$ 迁移运用至目标域，并降低经验风险 $R_t[f_s(\cdot); \mathcal{D}^t \sim P_t(X)] = E[f_s(x_i^t) \neq y_i^t]$[10]。

由于特征分布适配在源域与目标域差异性较大的任务中仍然表现出较好的迁移性能，因此成为迁移学习领域研究最为广泛的方法。为提取有效的迁移特征，缩小源域与目标域之间的差异性，国内外学者开展了一系列研究工作。加州大学伯克利分校 Blitzer 等人提出了 SCL，将数据特征由原特征空间映射到隐含的共特征空间，以提高特征表征的迁移性能[11]；香港科技大学 Pan 等人率先将最大均值差异（Maximum Mean Discripancy，MMD）作为度量领域间特征分布差异性的基本准则，并提出 TCA 以最小化特征分布差异，成为迁移学习领域的经典方法[12]；清华大学龙明盛等人在 TCA 的研究基础上提出了 JDA，减小了源域与目标域样本的联合概率分布差异[13]。本节首先介绍了特征分布适配的基本原理，然后基于典型的特征分布适配方法 TCA 与 JDA 建立迁移诊断策略，最后通过跨装备轴承间的迁移诊断任务说明特征分布适配的应用。

5.3.1 特征分布适配基本原理

特征分布适配假设源域由含健康标记的样本构成，目标域由少量含标记甚至无标记的样本组成，因此，仅利用目标域样本无法训练性能可靠的智能诊断模型。此外，由于源域样本与目标域样本的概率分布之间存在差异，若直接使用源域样本训练的诊断模型识别目标域样本，将产生较大的诊断误差。特征分布适配旨在减小源域与目标域样本概率分布之间的分布差异，提高源域智能诊断模型对目标域样本的识别精度，其基本原理如图 5-2 所示[4]。首先构建非线性映射，将源域与目标域样本由各自独立的特征空间映射至共特征空间，并在该空间中通过相似性度量函数，如 MMD、欧式距离（Euclidean Distance，ED）、KL 散度（Kullback-Leibler divergence，KLD）等估计源域与目标域样本特征的分布差异。然后结合凸优化理论，以最小化特征分布差异的度量值为目标，反向更新非线性映射参数，使之能够从源域与目标域样本中提取具有相似分布的特征。最后利用源域样本特征训练智能诊断模型，如 SVM、KNN 等，识别目标域样本特征对应的健康状态。由于经特征分布适配后，目标域样本特征与源域样本特征具有相似的分布，因此源域样本特征所训练的模型诊断决策面同样能够识别目标域的样本特征。

图 5-2 特征分布适配基本原理

5.3.2 基于特征分布适配的迁移诊断策略

1. TCA 及其迁移诊断策略

基于 TCA 的迁移诊断策略包括 TCA 特征分布适配与智能诊断模型建立两部分，本节以 SVM 为例构建智能诊断模型。

TCA 特征分布适配的算法核心在于利用 MMD 度量源域与目标域监测数据在同一再生核希尔伯特空间（Reproducing Kernel Hilbert Space，RKHS）中的分布差异[12]。假设源域监测数据集 $X^s = \{(x_i^s, y_i^s) | i=1,2,\cdots,n\}$ 与目标域监测数据集 $X^t = \{x_i^t | i=1,2,\cdots,m\}$ 分别服从概率分布 p 和 q，则两者之间的 MMD 可定义为[14]：

$$D_{\mathcal{H}}(X^s, X^t) := \sup_{\Phi \in \mathcal{H}} \{E_{X^s \sim p} \Phi(x^s) - E_{X^t \sim q} \Phi(x^t)\} \tag{5-6}$$

式中，$\sup\{\cdot\}$ 为集合上确界；$\mathcal{H}$ 代表 RKHS；$\Phi(\cdot)$ 为原特征空间至 RKHS 的非线性映射。

式（5-6）的经验估计可表示为：

$$D_{\mathcal{H}}^2(X^s, X^t) = \left\| \frac{1}{n} \sum_{i=1}^{n} \Phi(x_i^s) - \frac{1}{m} \sum_{j=1}^{m} \Phi(x_j^s) \right\|_{\mathcal{H}}^2 \tag{5-7}$$

根据 RKHS 中映射函数性质：对于任意 $x \in X$、$\Phi(\cdot) \in \mathcal{H}$，存在 $\Phi(x) = \langle \Phi(\cdot), k(\cdot, x) \rangle_{\mathcal{H}}$，且有 $\langle \Phi(x), \Phi(y) \rangle_{\mathcal{H}} = k(x, y)$，则由式（5-7）可得：

$$D_{\mathcal{H}}^2(X^s, X^t) = \mathrm{trace}(KL) = \mathrm{trace}\left(\begin{bmatrix} K_{ss} & K_{st} \\ K_{ts} & K_{tt} \end{bmatrix} \times L \right) \tag{5-8}$$

式中，$K = [K_{i,j}] \in \mathbb{R}^{(n+m) \times (n+m)}$ 为输入数据的核矩阵，且 $K_{i,j} = k(x_i, x_j)$；$L = [L_{i,j}] \geq 0$，矩阵中各个元素可表示为：

$$L_{i,j} = \begin{cases} \dfrac{1}{n^2}, & x_i, x_j \in X^s \\ \dfrac{1}{m^2}, & x_i, x_j \in X^t \\ -\dfrac{1}{nm}, & \begin{cases} x_i \in X^s, x_j \in X^t \\ x_i \in X^t, x_j \in X^s \end{cases} \end{cases} \tag{5-9}$$

引入比核矩阵 K 维度低的矩阵 W，可得：

$$\tilde{K} = (KK^{-1/2}\tilde{W})(\tilde{W}^\mathrm{T} K^{-1/2} K) = KWW^\mathrm{T} K \tag{5-10}$$

式中，$W = \tilde{W}^T K^{-1/2} \in \mathbb{R}^{(n+m) \times d}$，且 $(n+m) > d$。由此，式（5-8）可表示为：

$$D_{\mathcal{H}}^2(X^s, X^t) = \text{trace}(W^T K L K W) \tag{5-11}$$

TCA 通过调整矩阵 W，最小化源域与目标域数据之间的 MMD，达到适配两者特征分布的目的。即优化如下目标函数：

$$\min_{W} \text{trace}(W^T K L K W) + \mu \cdot \text{trace}(W^T W) \tag{5-12}$$
$$\text{s.t.} \quad W^T K H K W = I$$

式中，$H = I_{n+m} - 1/(n+m) \mathbf{11}^T$ 为中心矩阵。优化后的矩阵 $W^* K$ 即为源域与目标域数据在降维特征空间内具有相似分布的迁移特征。获得源域与目标域样本的迁移特征后，利用源域的迁移特征训练 SVM 智能诊断模型，再运用该模型识别目标域迁移特征对应的健康状态，完成迁移诊断任务。

2. JDA 及其迁移诊断策略

由 TCA 特征分布适配的基本原理可知，TCA 能够获得变换矩阵 A，使 $P(A^T x^s) \approx P(A^T x^t)$，这虽然适配了源域与目标域迁移特征之间的边缘概率分布，却未考虑特征在条件概率分布上的差异性，即 $P(y^s | A^T x^s) \neq P(y^t | A^T x^t)$。条件概率分布差异表达了源域与目标域健康标记空间的差异性[10]，标记空间不同，则智能诊断模型的跨域迁移将降低目标域样本的诊断精度。为提高源域诊断模型在目标域上的诊断精度，考虑适配源域与目标域样本集之间的联合概率分布，可近似计算为[13]：

$$JD_{\mathcal{H}}(X^s, X^t) = \|P(x^s) - P(x^t)\|^2 + \|P(y^s | x^s) - P(y^t | x^t)\|^2 \tag{5-13}$$

由于目标域的智能诊断模型未知，难以拟合并获得准确的条件概率分布 $P(y^t | x^t)$，因此利用源域样本预训练的智能诊断模型，如 SVM 诊断模型等，预测目标域样本的伪标记 $\tilde{y}^t$，进而通过估计目标域样本的类条件概率 $P(x^t | \tilde{y}^t)$，达到逼近其实际条件概率分布的目的。最后结合 MMD 度量联合分布差异为：

$$JD_{\mathcal{H}}(X^s, X^t) = \left\| \frac{1}{n} \sum_{i=1}^{n} \Phi(x_i^s) - \frac{1}{m} \sum_{j=1}^{m} \Phi(x_j^s) \right\|_{\mathcal{H}}^2 + \sum_{c=1}^{C} \left\| \frac{1}{n^{(c)}} \sum_{x_i^s \in X_{(c)}^s} \Phi(x_i^s) - \frac{1}{m^{(c)}} \sum_{x_i^t \in X_{(c)}^t} \Phi(x_i^t) \right\|_{\mathcal{H}}^2 \tag{5-14}$$

式中，$n^{(c)}$ 为源域数据集中第 c 类样本的个数；$m^{(c)}$ 为目标域数据集中第 c 类样本的个数。

引入核矩阵 $\boldsymbol{K} = [K_{i,j}] \in \mathbb{R}^{(n+m) \times (n+m)}$ 与低维度矩阵 $\boldsymbol{W}$，式（5-14）可表达为：

$$JD_{\mathcal{H}}(X^s, X^t) = \sum_{c=0}^{C} \text{trace}(\boldsymbol{W}^\text{T} \boldsymbol{K} \boldsymbol{M}_c \boldsymbol{K} \boldsymbol{W}) \tag{5-15}$$

式中，$\boldsymbol{M}_c = [M_{i,j}^{(c)}] \geq 0$。当 $c = 0$ 时，$\boldsymbol{M}_0 = \boldsymbol{L}$，如式（5-9）所示；当 $c = 1, 2, \cdots, C$ 时，有：

$$M_{i,j}^{(c)} = \begin{cases} \dfrac{1}{n^2}, & \boldsymbol{x}_i, \boldsymbol{x}_j \in X_{(c)}^s \\ \dfrac{1}{m^2}, & \boldsymbol{x}_i, \boldsymbol{x}_j \in X_{(c)}^t \\ -\dfrac{1}{nm}, & \begin{cases} \boldsymbol{x}_i \in X_{(c)}^s, \boldsymbol{x}_j \in X_{(c)}^t \\ \boldsymbol{x}_i \in X_{(c)}^t, \boldsymbol{x}_j \in X_{(c)}^s \end{cases} \end{cases} \tag{5-16}$$

JDA 通过调整低维矩阵 $\boldsymbol{W}$ 最小化源域与目标域样本集的联合概率分布差异，其优化目标函数可表示为：

$$\min_{\boldsymbol{W}} \sum_{c=0}^{C} \text{trace}(\boldsymbol{W}^\text{T} \boldsymbol{K} \boldsymbol{M}_c \boldsymbol{K} \boldsymbol{W}) + \lambda \cdot \|\boldsymbol{W}\|_F^2 \tag{5-17}$$

$$\text{s.t.} \quad \boldsymbol{W}^\text{T} \boldsymbol{K} \boldsymbol{H} \boldsymbol{K} \boldsymbol{W} = \boldsymbol{I}$$

式中，优化后的 $\boldsymbol{W}^* \boldsymbol{K}$ 即为源域与目标域样本在降维特征空间内的迁移特征。通过源域的迁移特征 $\{([\boldsymbol{W}^* \boldsymbol{K}]_{i \times d}, y_i^s) | i = 1, 2, \cdots, n\}$ 训练 SVM 智能诊断模型，再将其用于预测目标域样本的健康标记 $\hat{y}_i^t = f_s([\boldsymbol{W}^* \boldsymbol{K}]_{i \times d})$，其中 $i = n+1, n+2, \cdots, n+m$，完成迁移诊断任务。

5.3.3 跨装备轴承间的迁移故障诊断

下面通过实验室齿轮箱轴承与机车轮对轴承之间的迁移诊断任务说明基于 TCA 与 JDA 的迁移诊断策略的应用。

1. 迁移诊断数据集获取

选用的迁移诊断数据集由两部分组成，如表 5-5 所示，包括实验室齿轮箱滚动轴承数据集 A 与机车轮对轴承数据集 B。

表 5-5 跨装备滚动轴承迁移诊断数据集

数据集	轴承型号	健康状态	样本数	工况
齿轮箱滚动轴承数据集 A	LDK UER204	正常	1 088 (272×4)	转速 1 200 r/min、空载
		内圈故障		
		外圈故障		
		滚动体故障		
机车轮对轴承数据集 B	552732QT	正常	1 088 (272×4)	转速 490 r/min
		内圈擦伤		转速 500 r/min
		外圈擦伤		转速 490 r/min
		滚动体擦伤		转速 530 r/min

数据集 A 来自如图 5-3 所示的多级齿轮传动试验台，该试验台由电动机、定轴齿轮箱、行星齿轮箱、磁粉制动器 4 部分组成。被测轴承共包含 4 种健康状态：正常、内圈故障、外圈故障、滚动体故障，分别安装于定轴齿轮箱中间轴的右端，并通过安装在轴承端盖上的振动传感器获取监测数据。在测试过程中，每种健康状态的样本均在电动机转速为 1 200 r/min、空载、采样频率为 12.8 kHz 的条件下采集。测试结束后，共获得样本 1 088 个，每种健康状态下的样本 272 个，每个样本中包含采样点 1 200 个。

图 5-3 多级齿轮传动试验台

数据集 B 来自第 3 章图 3-4 中的机车轮对轴承测试台架，被测轴承包括 4 种健康状态：正常、内圈擦伤、外圈擦伤、滚动体擦伤。每种健康状态的振动信号均在转速约为 500 r/min、径向负载约 9 800 N 的工况下采集，采样频率为 12.8 kHz。测试结束后，共获得样本 1 088 个，每种健康状态下有样本 272 个，每个样本中包含 1 200 个采样点。

对比数据集 A 与 B 可知，两种被测轴承的物理结构与工作原理相似，因此齿轮箱轴承样本训练的智能诊断模型可迁移运用到机车轮对轴承中。但由于这两种轴承来自不同的装备,两者的振动信号存在显著差异,样本在特征空间中的分布有较大偏差,导致齿轮箱轴承样本训练的诊断模型对机车轮对轴承样本的诊断精度较低。基于上述轴承振动数据集,构建迁移诊断任务 A→B。在该任务中,数据集 A 被视为源域,其中所有样本的健康标记已知,可通过监督训练的方法训练智能诊断模型,充分学习样本中的诊断知识。数据集 B 被视为目标域,假设其中所有样本的健康标记均未知,是源域智能诊断模型的预测对象。因此,特征分布适配在迁移诊断任务 A→B 上的目标为:适配源域与目标域样本的迁移特征分布,减小跨装备迁移引入的偏差,提高源域诊断模型对目标域样本的诊断精度。

2. 迁移诊断结果

构建源域的 SVM 智能诊断模型,并分别利用 TCA 与 JDA 特征分布适配方法提高 SVM 诊断模型对目标域样本的诊断精度。首先提取源域与目标域振动信号的 11 种时域特征和 13 种频域特征。然后分别基于 TCA 与 JDA 构建特征映射空间,最小化源域与目标域的特征分布差异。其中,TCA 与 JDA 均采用高斯核函数作为 MMD 的核函数,核宽度的取值范围为 $\{1,10,10^2,\cdots,10^9\}$,惩罚因子的取值范围为 $\{1,10,10^2,\cdots,10^9\}$,共特征空间的维数取值范围为 $\{2,4,8,16,24\}$。在最佳参数组合下,获得分布相似的源域与目标域迁移特征。最后利用源域的迁移特征训练 SVM 智能诊断模型,并通过该模型识别目标域迁移特征对应的健康状态。值得注意的是,JDA 在训练过程中,先利用 SVM 预测目标域样本的伪标记,再估计类条件概率分布。另选取两种方法进行对比,方法 1 为无特征分布适配的 SVM 诊断模型。其中,高斯核宽度的取值范围为 $\{1,10,10^2,\cdots,10^9\}$,软间隔约束的惩罚因子取值范围为 $\{1,10,10^2,\cdots,10^9\}$。方法 2 为无特征分布适配的 KNN 诊断模型,其中临近数 K 的取值范围为 $\{2,4,8,16,32,64,128\}$。在对比实验中,方法 1 与方法 2 均利用源域样本的时域与频域特征训练诊断模型,然后直接在目标域样本上进行测试,诊断结果如表 5-6 所示。

表 5-6 四种方法在迁移诊断任务上的诊断结果对比(%)

数据集	方法 1	方法 2	基于 TCA 的智能诊断模型	基于 JDA 的智能诊断模型
A(源域)	100	100	100	100
B(目标域)	25.09	24.91	62.78	64.61

由表 5-6 可知，当源域样本训练的智能诊断模型直接用于识别目标域样本时，由于源域与目标域的样本分布差异性显著，诊断模型对目标域样本的识别精度很低。相比之下，TCA 与 JDA 通过减小源域与目标域中样本特征的分布差异，提高了源域诊断模型对目标域样本的识别精度，如将 SVM 智能诊断模型（方法 1）的诊断精度由 25.09% 分别提高至 62.78% 与 64.61%，这在一定程度上实现了实验室轴承诊断知识在机车轴承上的迁移运用。然而，由于 TCA 与 JDA 中非线性映射的特征变换能力有限，特征分布适配方法在跨装备轴承等差异性显著的迁移诊断任务上的诊断精度仍有待进一步提高。

5.4 多核特征空间适配的深度迁移智能诊断

随着深度学习理论与技术的快速发展，越来越多的研究人员开始关注如何利用深度学习求解迁移学习问题。机器学习领域权威学者 Bengio 等人研究了深度神经网络的迁移特性，结果表明加深网络层数有助于提取数据的内部特征，深层内部特征的领域独有性是改变网络迁移特性的关键[15]。加州大学伯克利分校 Tzeng 等人在深度 CNN 中嵌入了基于 MMD 的特征适配层，构建 DDC 网络，缩小了源域与目标域深层特征的分布差异，取得了较浅层特征分布适配方法更高的迁移性能[16]。清华大学龙明盛等人利用 SAE 网络提取源域与目标域数据特征的深层特征，并在网络训练过程中正则化约束适配了源域与目标域深层特征的联合概率分布，提高了模型的迁移性能[17]。

相较于 TCA 与 JDA 等浅层特征分布适配方法，深度迁移学习具有相似的原理：均假设源域 $\mathcal{D}^s$ 的数据空间包括若干含标记的样本，目标域 $\mathcal{D}^t$ 的数据空间中有极少量甚至无标记样本，在学习非线性映射的基础上，缩小源域与目标域样本特征的分布差异，提高源域分类模型 $f_s(\cdot)$ 在目标域上的泛化性能。不同的是，深度迁移学习继承了深度神经网络自适应特征表征的能力，它通过深度神经网络构建非线性映射，提取具有领域独有性的样本深层内部特征，对这类特征的分布进行适配能够提高分类模型 $f_s(\cdot)$ 的迁移性能[5]。

本节结合深度学习与迁移学习理论，提出了多核特征空间适配的深度迁移智能诊断方法，该方法首先利用 ResNet 提取源域与目标域监测样本的深层表达，然后利用多核植入的特征分布适配与伪标记学习约束 ResNet 的训练过程，最终形成了深度迁移诊断模型，缩小了源域与目标域监测数据中迁移特征的分布差异，不仅提高了诊断模型的迁移诊断性能，而且克服了基于 MMD 的特征分布适配方法难以确定核函数参数的问题。

5.4.1 多核植入的最大均值差异

MMD 是一种度量两个数据集分布差异的非参数距离评估指标，它通过构建 RKHS，并利用映射函数 $\Phi(\cdot)\in\mathcal{H}$ 将源域特征 Z^s 与目标域特征 Z^t 由原来各自的特征空间投影至同一 RKHS，并在该空间内度量源域与目标域特征的距离。由式 (5-6) 可知，在完备的 RKHS 中总存在映射函数 $\Phi^*(\cdot)$，使源域与目标域特征之间的均值距离达到集合的最小上界。基于高斯核函数构建 RKHS，则 MMD 的经验估计可表达为[14]：

$$D^2_{\mathcal{H}}\left(Z^s, Z^t\right) = \frac{1}{n_s^2}\sum_{i=1}^{n_s}\sum_{j=1}^{n_s}k\left(z_i^s, z_j^s\right) - \frac{2}{n_s n_t}\sum_{i=1}^{n_s}\sum_{j=1}^{n_t}k\left(z_i^s, z_j^t\right) + \frac{1}{n_t^2}\sum_{i=1}^{n_t}\sum_{j=1}^{n_t}k\left(z_i^t, z_j^t\right) \quad (5\text{-}18)$$

式中，$k(z_i, z_j) = \exp\left(-\|z_i - z_j\|^2/\sigma^2\right)$ 为高斯核函数，σ 为高斯核宽度；n_s 与 n_t 分别为源域与目标域样本的个数。由式（5-18）可知，MMD 的估计值对核宽度敏感，导致基于 MMD 的特征分布适配的参数难以确定。因此，引入多核植入的高斯核函数，将传统的核参数手动选择问题转化为多核核函数的凸优化问题。假设多核高斯核函数集合为[18]：

$$K := \left\{\left(\beta_u, k_u\left(\cdot, \cdot \mid \sigma_u\right)\right) \bigg| \sum_{u=1}^{U}\beta_u = 1, \beta_u \geq 0, \forall u = 1, 2, \cdots U\right\} \quad (5\text{-}19)$$

式（5-19）表明：函数集合由 U 个不同核宽度的高斯核函数及其加权系数 β_u 组成。因此多核植入的 MMD 为多个高斯核函数输出的凸组合，即：

$$D^2_{\mathrm{M}\mathcal{H}}\left(Z^s, Z^t\right) = \sum_{u=1}^{U}\beta_u D^2_{\mathcal{H}}\left(Z^s, Z^t \mid \sigma_u\right) \quad (5\text{-}20)$$

为使源域与目标域特征在多核 RKHS 中的差异度量值最大，构造如下凸优化问题，求解最优的加权系数集合 $\boldsymbol{\beta}_u^* = \left\{\beta_u^* \mid u = 1, 2, \cdots, U\right\}$：

$$\boldsymbol{\beta}_u^* = \arg\max_{\beta_u \in \boldsymbol{\beta}_u} \frac{D^2_{\mathrm{M}\mathcal{H}}\left(Z^s, Z^t\right)}{\sigma^2_{\mathrm{M}\mathcal{H}}}$$

$$\text{s.t.} \quad \sum_{u=1}^{U}\beta_u = 1, \beta_u \geq 0 \quad (5\text{-}21)$$

式中，$\sigma^2_{\mathrm{M}\mathcal{H}}$ 为集合 $\left\{D^2_{\mathcal{H}}\left(Z^s, Z^t \mid \sigma_u\right) \mid u = 1, 2, \cdots U\right\}$ 的方差。将 $\boldsymbol{\beta}_u^*$ 带入式 (5-20) 即可得源域与

目标域特征的多核植入 MMD。

5.4.2 多核特征空间适配的深度迁移诊断模型

多核特征空间适配的深度迁移诊断模型由三部分组成：领域共享的 ResNet、多核植入 MMD 的深层特征适配模块、伪标记学习，其结构如图 5-4 所示[1]。

图 5-4 多核特征空间适配的深度迁移诊断模型的结构

1．领域共享的 ResNet

领域共享的 ResNet 由输入层、多级残差单元、全连接层组成。在输入层，计算卷积核 k^{Inp} 与源域、目标域中第 l 个样本 $x_i^{\mathcal{D},\text{Inp}} = \{x_i^s, x_i^t\}$ 的卷积和，可得特征向量：

$$x_i^{\mathcal{D},\text{Inp}} = f\left(x_i^{\mathcal{D}}; \theta^{\text{Inp}}\right) = \sigma_r\left(x_i^{\mathcal{D}} * k^{\text{Inp}} + b^{\text{Inp}}\right) \tag{5-22}$$

式中，$\theta^{\text{Inp}} = \{k^{\text{Inp}}, b^{\text{Inp}}\}$ 为输入层的待训练参数；σ_r 为 ReLU 激活函数。为降低特征维数，减少 ResNet 的待训练参数数量，将特征向量 $x_i^{\mathcal{D},\text{Inp}}$ 分割为若干无重叠片段，并返回每个片段中的最大元素，即最大池化，由此可得池化后的特征向量 $v_i^{\mathcal{D},\text{Inp}}$。

ResNet 通过堆叠残差单元，提取池化后特征的深层表达。多级残差单元的输出为残差函数与输入特征之和，其中，残差函数，由两层卷积层堆叠而成，可表示为：

$$g\left(x_i^{\mathcal{D},l-1}; \theta^l\right) = \left[\sigma_r\left(x_i^{\mathcal{D},l-1} * k^{l_1} + b^{l_1}\right)\right] * k^{l_2} + b^{l_2} \tag{5-23}$$

式中，$\boldsymbol{\theta}^l = \{\boldsymbol{k}^{l_1}, \boldsymbol{b}^{l_1}, \boldsymbol{k}^{l_2}, \boldsymbol{b}^{l_2}\}$ 为第 l 级残差单元的待训练参数。令 $\boldsymbol{x}_i^{\mathcal{D},0} = \boldsymbol{v}_i^{\mathcal{D},\mathrm{Inp}}$，则第 l 级残差单元的输出可表达为：

$$\boldsymbol{x}_i^{\mathcal{D},l} = \sigma_r\left[g\left(\boldsymbol{x}_i^{\mathcal{D},l-1}; \boldsymbol{\theta}^l\right) + \boldsymbol{x}_i^{\mathcal{D},l-1}\right], \quad l = 1, 2, \cdots, L \tag{5-24}$$

式中，L 为多级残差单元的级数。

获得源域与目标域样本的深层迁移特征 $\boldsymbol{x}_i^{\mathcal{D},L}$ 后，再次将其进行最大池化，并将池化后的特征平铺为一维向量，作为全连接层的输入：

$$\boldsymbol{x}_i^{\mathcal{D},F_1} = \mathrm{flatten}\left[\mathrm{down}\left(\boldsymbol{x}_i^{\mathcal{D},L}, s\right)\right] \tag{5-25}$$

式中，$\mathrm{flatten}(\cdot)$ 为平铺函数；$\mathrm{down}(\cdot)$ 为最大池化层下采样函数；s 为无重叠片段的维数。通过全连接层能够将提取的深层迁移特征映射至样本的健康标记空间，其中，全连接层的隐层（F_2）输出为：

$$\boldsymbol{x}_i^{\mathcal{D},F_2} = h\left(\boldsymbol{x}_i^{\mathcal{D},F_1}; \boldsymbol{\theta}^{F_2}\right) = \sigma_s\left(\boldsymbol{\omega}^{F_2} \cdot \boldsymbol{x}_i^{\mathcal{D},F_1} + \boldsymbol{b}^{F_2}\right) \tag{5-26}$$

式中，$\boldsymbol{\theta}^{F_2} = \{\boldsymbol{\omega}^{F_2}, \boldsymbol{b}^{F_2}\}$ 为 F_2 层的待训练参数；σ_s 为 Sigmoid 激活函数。在输出层 F_3 中引入 Softmax 函数，预测输入样本在健康标记空间中的概率分布：

$$\boldsymbol{C}_i^{\mathcal{D}} = \left[P\left(\hat{y}_i^{\mathcal{D}} = q \middle| \boldsymbol{x}_i^{\mathcal{D},F_2}; \boldsymbol{\theta}^{F_3}\right)\right]_{q=1}^{Q}$$

$$P\left(\hat{y}_i^{\mathcal{D}} = q \middle| \boldsymbol{x}_i^{\mathcal{D},F_2}; \boldsymbol{\theta}^{F_3}\right) = \frac{\exp\left(\boldsymbol{\omega}_q^{F_3} \cdot \boldsymbol{x}_i^{\mathcal{D},F_2} + \boldsymbol{b}_q^{F_3}\right)}{\sum_{q=1}^{Q}\exp\left(\boldsymbol{\omega}_q^{F_3} \cdot \boldsymbol{x}_i^{\mathcal{D},F_2} + \boldsymbol{b}_q^{F_3}\right)} \tag{5-27}$$

式中，$P\left(\hat{y}_i^{\mathcal{D}} = q \middle| \boldsymbol{x}_i^{\mathcal{D},F_2}; \boldsymbol{\theta}^{F_3}\right)$ 表示输入样本属于第 q 个健康状态的概率；$\boldsymbol{\theta}^{F_3} = \{\boldsymbol{\omega}^{F_3}, \boldsymbol{b}^{F_3}\}$ 为 F_3 层的待训练参数。

2. 深层特征适配模块

源域与目标域的样本通过领域共享的 ResNet 处理后，获得深层迁移特征。考虑到 F_2 层的迁移特征分布差异直接影响源域诊断模型对目标域样本的诊断精度，首先利用多核植入的 MMD 度量 F_2 层的迁移特征分布差异，然后更新领域共享 ResNet 的网络参数，最小化迁移特征的分布差异。结合式（5-21），深层特征分布适配的目标函数为：

$$\min_{\boldsymbol{\theta}^{\mathrm{Inp}}, \{\boldsymbol{\theta}^l | l=1,\cdots L\}, \boldsymbol{\theta}^{F_2}} D_{\mathcal{MH}}^2\left(Z^s, Z^t \middle| \boldsymbol{\beta}_u^*\right) = \sum_{u=1}^{U}\beta_u^* D_{\mathcal{H}}^2\left(Z^s, Z^t \middle| \sigma_u\right) \tag{5-28}$$

3. 伪标记学习

伪标记学习能够为无健康标记的目标域样本赋予伪标记，使该样本能够监督训练诊断模型。伪标记学习由样本标记预测与伪标记生成两部分组成。

由式（5-27）可知，Softmax 函数能够预测目标域样本对应健康标记的概率分布，因此，第 i 个目标域样本的伪标记可表达为[19]：

$$\tilde{\boldsymbol{y}}_i^t = \begin{bmatrix} \tilde{y}_1^t & \tilde{y}_2^t & \cdots & \tilde{y}_j^t & \cdots & \tilde{y}_Q^t \end{bmatrix}$$

$$\tilde{y}_j^t = \begin{cases} 1 & j = \arg\max\limits_{j \in \{1,2,\cdots,Q\}} \boldsymbol{C}_i^{\mathcal{D}} \\ 0 & \text{其余} \end{cases} \quad (5\text{-}29)$$

式中，$\tilde{\boldsymbol{y}}_i^t$ 为目标域样本的二值化伪标记。

在利用源域样本监督训练领域共享的 ResNet 的网络参数时，最小化目标域样本的伪标记交叉熵损失，能够缩小目标域样本的类内距离并扩大类间距离，使源域智能诊断模型的决策面能够更好地区分不同健康状态的目标域样本，达到提高模型诊断性能的目的。结合源域样本的交叉熵损失，有如下伪标记学习的目标函数：

$$\min_{\theta} \quad L_s + \alpha L_t = -\frac{1}{n_s}\sum_{i=1}^{n_s}\left(\boldsymbol{y}_i^s\right)^T \ln\left(\boldsymbol{C}_i^s\right) - \alpha \frac{1}{n_t}\sum_{i=1}^{n_t}\left(\tilde{\boldsymbol{y}}_i^t\right)^T \ln\left(\boldsymbol{C}_i^t\right) \quad (5\text{-}30)$$

式中，$\boldsymbol{\theta} = \left\{\boldsymbol{\theta}^{\text{Inp}}, \left\{\boldsymbol{\theta}^l \mid l=1,\cdots,L\right\}, \boldsymbol{\theta}^{F_2}, \boldsymbol{\theta}^{F_3}\right\}$ 为领域共享 ResNet 的网络参数；$\boldsymbol{y}_i^s$ 为源域样本的二值化健康标记；α 为伪标记交叉熵损失的惩罚因子。

4. 深度迁移诊断模型的训练

由式（5-28）与式（5-30）可得深度迁移诊断模型的目标函数为：

$$\min_{\theta} \quad -\frac{1}{n}\sum_{i=1}^{n}\left(\boldsymbol{y}_i^s\right)^T \ln\left(\boldsymbol{C}_i^s\right) - \alpha\frac{1}{n}\sum_{i=1}^{n}\left(\tilde{\boldsymbol{y}}_i^t\right)^T \ln\left(\boldsymbol{C}_i^t\right) + \lambda D_{\mathcal{MH}}^2\left(Z^s, Z^t \mid \boldsymbol{\beta}_u^*\right) \quad (5\text{-}31)$$

式中，n 为最小批训练的样本个数；λ 为深层特征分布适配正则项的惩罚因子。由式（5-31）可知，多核特征空间适配的深度迁移诊断模型的目标函数包含三部分：①最小化源域样本的预测标记与真实标记之间的交叉熵损失，获得领域共享的源域诊断模型；②最小化目标域样本的预测标记与伪标记之间的交叉熵损失，缩小目标域样本特征的类内距离并扩大类间距离；③最小化源域与目标域样本的深层迁移特征分布差异，使源域诊断模型能够识别目标域样本的健康状态。多核特征空间适配的深度迁移诊断模型的训练步骤如表 5-7 所示。

表 5-7　多核特征空间适配的深度迁移诊断模型的训练步骤

输入：源域带健康标记的样本 $\{(x_i^s, y_i^s)|i=1,2,\cdots,n_s\}$；目标域的无健康标记样本 $\{x_i^t|i=1,2,\cdots,n_t\}$；惩罚因子 α、λ；多高斯核宽度 $\{\sigma_u|u=1,2,\cdots,U\}$

输出：目标域样本的预测健康标记 $\{\hat{y}_i^t|i=1,2,\cdots,n_t\}$

1. 随机初始化领域共享的 ResNet 的待训练网络参数 θ，多高斯核函数的加权系数初始化为 $\{\beta_u=1/U|u=1,2,\cdots,U\}$
2. 当前迭代训练次数 $n\in\{1,2,\cdots,T\}$，或者判断目标函数值的变化大于 ε，依次执行步骤 3～步骤 8
3. 当前样本的最小批次数为 $j\in 1,2,\cdots,M$，每批源域与目标域样本个数为 n
4. 执行式（5-22）～式（5-26），提取深层迁移特征
5. 执行式（5-20），计算多核植入的 MMD
6. 执行式（5-21），求解多高斯核函数的最优加权系数 $\beta_u^*=\{\beta_u^*|u=1,2,\cdots,U\}$
7. 执行式（5-27）与式（5-29），获得目标域样本的伪标记
8. 执行式（5-31），利用 Adam 优化算法更新领域共享的 ResNet 的网络参数
9. 输出目标域样本的预测健康标记 $\{\hat{y}_i^t|i=1,2,\cdots,n_t\}$

5.4.3　跨装备轴承间的迁移故障诊断

选用如表 5-5 所示的迁移诊断数据集验证多核特征空间适配的深度迁移诊断模型。在实验过程中，领域共享的 ResNet 由输入层、12 级残差单元和全连接层组成，其网络结构参数如表 5-8 所示。其他主要参数设置如下：植入核宽度为 $\{10^{-3},10^{-2},10^{-1},1,10,10^2,10^3,10^4\}$ 的多核高斯核函数；惩罚因子 λ 的取值范围为 $\{10^{-1},1,10,10^2,10^3\}$；惩罚因子 α 的取值范围为 $\{0.01,0.05,0.1,0.5,1\}$。在最优的惩罚因子组合下，重复实验 20 次，多核特征空间适配的深度迁移诊断模型对目标域样本的诊断精度统计值如表 5-9 所示。该模型在迁移诊断任务上获得的诊断精度为 77.71%，标准差为 3.47%。

表 5-8　领域共享的 ResNet 的网络结构参数

网络层	结构参数	激活函数	输出维数
输入层	/	/	1 200
卷积层	卷积核：128×1×20（零填充）	ReLU	1 200×20
最大池化层	池化系数：2×1	/	600×20
12 级残差单元	卷积核：3×20×20（零填充）	ReLU	600×20

续表

网络层	结构参数	激活函数	输出维数
最大池化层	池化系数：2×1	/	300×20
平铺层 F_1	/	/	6 000
全连接层 F_2	权值：6 000×256	ReLU	256
输出层 F_3	权值：256×4	Softmax	4

另选取三种方法与多核特征空间适配的深度迁移诊断模型进行对比。方法 1 为 ResNet 智能诊断模型，该模型与深度迁移诊断模型具有相同的网络结构参数，不同的是，前者缺少深层特征分布适配模块与伪标记学习，即仅利用源域样本训练智能诊断模型，然后直接在目标域样本上进行测试。方法 2 为基于 TCA 的智能诊断模型，方法 3 为基于 JDA 的智能诊断模型，其中，TCA 与 JDA 算法均采用高斯核函数作为 MMD 的核函数，核宽度的选取范围为 $\{1,10,10^2,\cdots,10^9\}$，惩罚因子的选取范围为 $\{1,10,10^2,\cdots,10^9\}$，共特征空间的维数选取范围为 $\{2,4,8,16,24\}$，在最优参数组合下，适配源域与目标域样本的时域与频域特征分布，最后利用源域样本特征训练的 SVM 诊断模型识别目标域样本特征的健康状态。三种对比方法的统计结果如表 5-9 所示。

由表 5-9 可知，方法 1 虽然自动地表征了源域与目标域振动信号的深层特征，但由于样本从不同装备的滚动轴承上采集，源域与目标域的深层特征之间存在显著的分布差异，这导致源域样本训练的智能诊断模型对目标域样本的诊断精度仅有 27.55%，明显低于多核特征空间适配的深度迁移诊断模型。方法 2 与方法 3 人工提取了源域与目标域样本的时域与频域特征，并适配了特征分布，因此提高了源域智能诊断模型对目标域样本的诊断精度，获得的诊断精度分别为 62.78% 与 64.61%，但由于难以深层表征特征，提取的特征缺乏领域独有性，导致这两种智能诊断模型的迁移性能有限。多核特征空间适配的深度迁移诊断模型不仅继承了 ResNet 网络自动从源域与目标域原始振动信号中表征深层特征的能力，而且能够缩小深层迁移特征之间的分布差异，表现出较浅层特征分布适配方法更好的迁移性能，验证了深度迁移智能诊断方法的优越性。

表 5-9 四种方法在迁移诊断任务上的迁移诊断结果对比

诊断方法	输入	结构	诊断精度（%）
方法 1	原始振动信号	ResNet	27.55±3.13
方法 2	时域与频域特征	TCA+SVM	62.78±0.00
方法 3	时域与频域特征	JDA+SVM	64.61±0.00
多核特征空间适配的深度迁移诊断模型	原始振动信号	ResNet+多核植入 MMD+伪标记学习	77.71±3.47

5.5 特征分布对抗适配的深度迁移智能诊断

生成对抗网络（Generative Adversarial Network，GAN）是一种非监督式学习方法，自 2014 年提出以来，备受人们关注，并成为当前机器学习领域的研究热点，已经在计算机视觉等领域取得了成功的应用[20]。GAN 能够混淆生成数据与真实数据的分布，这为解决迁移学习问题提供了新的思路。俄罗斯斯科尔科沃科技学院 Ganin 等人在深度神经网络训练中引入了对抗机制，提出了 DANN，该网络通过对抗机制训练特征提取器与判别器，使提取的源域与目标域样本特征差异无法被判别器察觉，达到适配特征分布的目的[21]。加州大学伯克利分校 Tzeng 等人针对源域与目标域之间具有较大偏差的迁移学习任务，提出了 ADDA 网络，为利用 GAN 解决迁移学习问题提供了通用框架[22]。本节结合 GAN 与深度特征分布适配方法，提出了特征分布对抗适配的深度迁移智能诊断方法，该方法在源域与目标域的样本特征分布适配中加入了对抗机制，同时缩小了深层迁移特征的 MMD 与 Jensen-Shannon（JS）散度，提高了迁移诊断模型的性能，解决了目标域样本无健康标记下的故障迁移诊断问题。

5.5.1 生成对抗网络基本原理

GAN 是一种基于博弈论中二人零和博弈思想的无监督式深度学习模型，包含生成器与判别器两部分[23]。其中，生成器能够根据噪声或其他数据生成一系列虚假样本；判别器为简单的二值分类模型，用以判断输入样本的真伪。通过对抗机制交替训练生成器与判别器，能够使判别器难以区分虚假样本与真实样本之间的差异性。

迁移学习任务中包含源域与目标域两组数据，假设目标域的数据为虚假样本，而源域数据为真实样本。首先构建领域共享的深度神经网络，即生成器，提取源域与目标域样本中的深层特征。然后建立判别器网络，识别源域与目标域深层特征的差异性。最后通过对抗训练机制，使判别器无法区分源域特征与目标域特征的差异。GAN 对抗训练的目标函数为[21]：

$$\min_{\theta_g}\max_{\theta_d} V(G,D) = E_{z\sim P_s}\left[\log D(z|\theta_d)\right] + E_{z\sim P_t}\left[\log\left(1-D(z|\theta_d)\right)\right] \quad (5\text{-}32)$$

式中，$z = G(x|\theta_g)$ 为生成器 $G(\cdot)$ 从源域与目标域样本中提取的深层特征，且网络参数为 θ_g；$D(\cdot)$ 为判别器，网络参数为 θ_d；P_s 与 P_t 分别为源域与目标域样本特征的概率密度函数。

当固定生成器的网络参数 θ_g 时，最优判别器的输出可表达为：

$$D^*(z) = \frac{P_s(z)}{P_s(z)+P_t(z)} \quad (5\text{-}33)$$

由式（5-32）可得最优判别器下生成器的优化目标函数为：

$$\min_{\theta_g} V(G,D^*) = \int_z \left(P_s \log D^*(z) + P_t \log\left(1-D^*(z)\right)\right) dz = 2D_{JS}(P_s\|P_t) - 2\log 2 \quad (5\text{-}34)$$

式中，$D_{JS}(P_s\|P_t)$ 表示 P_s 与 P_t 的 JS 散度。由上式可知，对抗训练生成器与判别器旨在缩小源域与目标域样本中深层特征的 JS 散度，以达到特征分布适配的目的[24]。

5.5.2 特征分布对抗适配的深度迁移诊断模型

基于 GAN 的迁移诊断模型本质上能够缩小源域与目标域深层特征之间的 JS 散度。然而，当源域与目标域样本之间存在较大差异时，JS 散度趋于常数，导致生成器网络参数更新的梯度消失[24]，使之无法继续从源域与目标域样本中提取具有相似分布的深层迁移特征。为解决这一问题，构建特征分布对抗适配的深度迁移诊断模型，如图 5-5 所示。该模型由领域共享的深层 CNN、特征分布适配模块与领域判别器三部分组成[25]。

1. 领域共享的深层 CNN

领域共享的深层 CNN 能够直接从源域与目标域的原始振动信号中提取深层迁移特征。假设深层 CNN 为 $f(\cdot|\theta) = \{\Phi(\cdot|\theta_F), h_c(\cdot|\omega_c)\}$，其中，$f: X \mapsto Y$ 构建了样本空间至健康标记空间的非线性映射，网络参数为 $\theta = \{\theta_F, \omega_c\}$；$\Phi: X \mapsto T$ 为特征提取网络，构建了样本

空间至深层特征空间 T 的非线性映射,网络参数为 θ_F; $h_c:T \mapsto Y$ 为健康状态识别网络,网络参数为 ω_c。给定源域与目标域的样本 $X_{\text{Inp}}^{\varnothing} = \{(x_i^s, x_j^t) | i=1,\cdots,n, j=1,\cdots,m\}$,通过逐层特征表征,可得深层迁移特征,即 F_2 层特征 $X_{F_2}^{\varnothing} = \{(\Phi(x_i^s), \Phi(x_j^t)) | i=1,\cdots,n, j=1,\cdots,m\}$。源域样本含有健康标记,可监督训练深层 CNN,损失函数为:

$$L_c = \sum_{i=1}^{n} J_c \left[\omega_c^T \cdot \Phi(x_i^s), y_i^s \right] \tag{5-35}$$

式中,$J_c(\cdot,\cdot)$ 为交叉熵损失函数。

图 5-5 特征分布对抗适配的深度迁移诊断模型

2. 特征分布适配模块

利用高斯核植入的 MMD 估计 F_2 层的迁移特征分布差异为:

$$D_{\mathcal{H}}^2(X_{F_2}^s, X_{F_2}^t) = \frac{1}{n} \sum_{i=1}^{n} \sum_{j=1}^{n} k\left[\Phi(x_i^s), \Phi(x_j^s)\right] - \frac{2}{nm} \sum_{i=1}^{n} \sum_{j=1}^{m} k\left[\Phi(x_i^s), \Phi(x_j^t)\right] \\ + \frac{1}{m} \sum_{i=1}^{m} \sum_{j=1}^{m} k\left[\Phi(x_i^t), \Phi(x_j^t)\right] \tag{5-36}$$

式中,$k(\cdot,\cdot)$ 为高斯核函数。

3. 领域判别器

领域判别器由简单的多隐层神经网络构成。其中，网络输入为提取的 F_2 层迁移特征；输出层仅包含单个神经元，用于判断输入的迁移特征是否来自源域或目标域。当输出趋于 1 时，说明输入的迁移特征来自源域；反之，则来自目标域。

根据式（5-32）可得领域判别器的损失函数为：

$$L_{\text{adv}} = -\frac{1}{n}\sum_{i=1}^{n}\log D\left(\Phi\left(x_i^s\right)\middle|\theta_d\right) - \frac{1}{m}\sum_{i=1}^{m}\log\left(1 - D\left(\Phi\left(x_i^t\right)\middle|\theta_d\right)\right) \quad (5\text{-}37)$$

基于式（5-37）更新网络参数时需要注意：领域判别器的训练目标为最大化损失函数 L_{adv}，而领域共享的深层 CNN 的训练目标为最小化损失函数 L_{adv}，即判别器网络参数 θ_d 与深层特征提取网络参数 θ_F 沿相反的梯度方向更新。因此，在深层 CNN 的全连接层 F_1 之前增加梯度反转层，系数为 R，当网络正向传播时，$R=1$，不改变迁移特征的大小；当误差反向传播更新网络参数时，$R=-1$，使损失函数 L_{adv} 产生的梯度在更新深层 CNN 参数时反向[21]。

4. 目标函数

由式（5-35）～式（5-37）可得深度迁移诊断模型的损失函数为：

$$L = L_c + \lambda \cdot D_{\mathcal{H}}^2\left(X_{F_2}^s, X_{F_2}^t\right) + \mu \cdot L_{\text{adv}} \quad (5\text{-}38)$$

式中，λ 为特征分布适配的惩罚因子；μ 为领域判别器训练的惩罚因子。

基于误差反向传播算法，更新网络参数为：

$$\theta_F \leftarrow \theta_F - \eta\frac{\partial L}{\partial \theta_F}, \quad \omega_c \leftarrow \omega_c - \eta\frac{\partial L_c}{\partial \omega_c}, \quad \theta_d \leftarrow \theta_d - \eta\frac{\partial L_{\text{adv}}}{\partial \theta_d} \quad (5\text{-}39)$$

式中，η 为学习率。

5.5.3 跨工况与跨装备迁移故障诊断

下面通过跨工况迁移故障诊断与跨装备迁移故障诊断验证特征分布对抗适配的深度迁移诊断模型。

1. 数据介绍

选用的迁移诊断数据集由三部分组成,如表 5-10 所示,包括电动机轴承数据集 A、电动机轴承数据集 B 与机车轮对轴承数据集 C。其中,数据集 A 与 B 选自美国凯斯西储大学的电动机滚动轴承公开数据集。被测轴承共包含 4 种健康状态:正常、内圈故障、外圈故障、滚动体故障,三种故障的损伤直径为 0.36 mm。在测试过程中,采样频率设置为 12 kHz。值得注意的是,数据集 A 与 B 分别在电动机转速为 1 797 r/min 与 1 730 r/min 的工况下采集,测试结束后,每种健康状态下获得样本 240 个,每个样本包含 1 200 个采样点。数据集 C 来自第 3 章图 3-4 中的机车轴承测试台架,被测轴承包括 4 种健康状态:正常、内圈擦伤、外圈擦伤、滚动体损伤。每种健康状态的振动信号均在转速约为 500 r/min、径向负载约 9 800 N 的工况下采集,采样频率为 12.8 kHz。测试结束后,共获得样本 960 个,每种健康状态下的样本 240 个,每个样本中包含 1 200 个采样点。

表 5-10 三种电动机滚动轴承数据集

数据集	轴承型号	健康状态	样本数	工况
电动机轴承数据集 A	SKF6205-2RS	正常	960 (240×4)	转速 1 797 r/min
		内圈故障		
		外圈故障		
		滚动体故障		
电动机轴承数据集 B	SKF6205-2RS	正常	960 (240×4)	转速 1 730 r/min
		内圈故障		
		外圈故障		
		滚动体故障		
机车轮对轴承数据集 C	552732QT	正常	960 (240×4)	转速 490 r/min
		内圈擦伤		转速 500 r/min
		外圈损伤		转速 480 r/min
		滚动体擦伤		转速 530 r/min

根据表 5-10 中的滚动轴承数据集,可构建两个迁移诊断任务 A→B 与 A→C,其中迁移诊断任务 A→B 模拟了同一滚动轴承的诊断知识在不同工况之间的迁移,任务 A→C 模拟了跨装备轴承迁移故障诊断的案例。在这两个迁移诊断任务中,数据集 A 被视为源域,其中所有样本的健康状态均已知;数据集 B 与 C 被视为目标域,假设其中样本的健康状态

在诊断模型训练过程中未知。通过上述设定，构建的深度诊断模型作用于任务 A→B 与 A→C 的目标是：利用深层网络结构从源域与目标域样本中自适应地表征深层迁移特征，然后缩小深层迁移特征之间的分布差异，使源域样本训练的智能诊断模型能够识别目标域样本的健康状态。

2．迁移诊断结果

使用图 5-5 中的深度迁移诊断模型。其中，领域共享的深层 CNN 由 4 层卷积层、最大池化层与 3 层全连接网络堆叠构成，网络结构参数如表 5-11 所示；特征适配模块由高斯核函数植入的 MMD 构成，高斯核宽度为 10^3；领域判别器由三层全连接网络构成。如表 5-12 所示，特征分布对抗适配的深度迁移诊断模型能够从源域与目标域的原始振动信号中提取深层迁移特征，同时缩小了深层迁移特征之间的 MMD 与 JS 散度，使源域样本训练的诊断模型在目标域数据集 B 与 C 上分别获得了 99.89% 与 90.42% 的诊断精度。

表 5-11 领域共享的深层 CNN 的网络结构参数

网络层	结构参数	激活函数	输出维数
输入层	/	/	1 024
卷积层 C_1	卷积核：129×1×48	ReLU	896×48
池化层 P_1	池化系数：2×1	/	448×48
卷积层 C_2	卷积核：65×48×64	ReLU	384×64
池化层 P_2	池化系数：2×1	/	192×64
卷积层 C_3	卷积核：17×64×80	ReLU	176×80
池化层 P_3	池化系数：2×1	/	88×80
卷积层 C_4	卷积核：5×80×96	ReLU	84×96
池化层 P_4	池化系数：2×1	/	42×96
平铺层 F_1	/	/	4 032
全连接层 F2	权值：4 032×512	ReLU	512
输出层 F3	权值：512×4	Softmax	4

另选取四种方法与特征分布对抗适配的深度迁移诊断模型进行对比。方法 1 为基于深层 CNN 的智能诊断模型，该模型直接利用源域样本进行训练，然后在目标域样本上测试。该方法在目标域数据集 B 与 C 上的诊断精度分别为 98.23% 与 67.29%，低于特征分布对抗适配的深度迁移诊断模型，验证了特征分布对抗适配模块的有效性。方法 2 与方法 3 分别

为基于 TCA 与 JDA 的智能诊断模型，这两种方法首先提取了源域与目标域样本的时域与频域特征，然后通过简单的非线性变换，提取具有相似分布的迁移特征。选用高斯核函数建立特征映射空间，且核宽度的取值范围为 $\{1,10,10^2,\cdots,10^9\}$，然后利用 SVM 诊断模型实现样本健康状态识别。由于无法提取迁移特征的深层表达，方法 2 与方法 3 在给定迁移诊断任务上的诊断精度明显低于特征分布对抗适配的深度迁移诊断模型。方法 4 为基于 DDC 的深度迁移诊断模型，与特征分布对抗适配的深度迁移诊断模型相比，该模型缺少对抗机制，仅利用特征分布适配模块缩小了深层迁移特征的 MMD，因此，在给定任务 A→B 与 A→C 上分别获得了 99.79% 与 88.65% 的诊断结果，低于特征分布对抗适配的深度迁移诊断模型。对比两个迁移诊断任务 A→B 与 A→C 发现，给定的五种方法在跨装备迁移诊断任务上的作用效果均劣于跨工况迁移诊断任务，说明源域与目标域的相似性是保证迁移诊断的必要因素，相似性越高，迁移诊断模型的性能越高，反之，则越低。

表 5-12　五种方法在迁移诊断任务 A→B 与 A→C 上的诊断结果对比（%）

方法	输入	结构	A→B	A→C
方法 1	原始振动信号	12 层 CNN	98.23	67.29
方法 2	时域与频域特征	TCA+SVM	85.63	52.39
方法 3	时域与频域特征	JDA+SVM	86.04	53.75
方法 4	原始振动信号	12 层 CNN+特征分布适配	99.79	88.65
特征分布对抗适配的深度迁移诊断模块	原始振动信号	12 层 CNN+特征分布适配+对抗机制	99.89	90.42

为直观地分析特征分布对抗适配的深度迁移诊断模块的有效性，利用 t-SNE 分别将上述五种方法获得的源域与目标域迁移特征降维映射至二维平面。以迁移诊断任务 A→C 为例，绘制的迁移特征散点如图 5-6 所示。通过观察源域与目标域特征之间的相似性可知，方法 1 由于缺少特征分布适配功能，获得的源域与目标域特征之间存在较大的分布差异，如图 5-6（a）所示。方法 2 与方法 3 作为浅层特征分布适配方法，仅利用简单的非线性变换提取迁移特征，并缩小特征分布差异，但由于模型的非线性拟合能力不足，无法获得深层特征，导致特征分布的适配性能有限，甚至弱于方法 1，如图 5-6（b）与图 5-6（c）所示。这在另一方面也表明深度智能诊断通过表征深层迁移特征，在一定程度上缩小了特征分布之间的差异，有助于提高模型的迁移性能。方法 4 在无迁移特性的深度智能诊断模型

训练过程中，施加特征分布适配约束，减小了迁移特征的 MMD，如图 5-6（d）所示，特征之间的相似性明显提升，使源域样本训练的智能诊断模型对目标域样本有效，达到了故障诊断知识跨装备迁移运用的目的。特征分布对抗适配的深度迁移诊断模块在特征分布适配中加入了对抗机制，同时缩小了迁移特征的 MMD 与 JS 散度，如图 5-6（e）所示，其特征分布的相似程度比方法 4 更高，说明对抗机制能够提升特征分布的适配性能，进而提高源域诊断模型对目标域样本的诊断精度。

图 5-6 迁移诊断任务 A→C 中迁移特征的分布散点

本章小结

本章将机械故障迁移诊断任务划分为同装备迁移诊断任务和跨装备迁移诊断任务，并围绕这两大类任务阐述了四种迁移智能诊断方法及其应用。首先，基于 TrAdaboost 算法建立了实例加权的迁移智能诊断方法，通过源域样本自适应加权机制，筛选出源域数据中与目标域样本相似性高的样本，辅助训练目标域的智能诊断模型，提高了模型的诊断精度，实现了诊断知识的同装备/跨工况迁移。然后，针对源域与目标域差异性较大的跨装备迁移诊断任务，建立了基于特征分布适配的迁移智能诊断方法，利用 TCA、JDA 等浅层特征分布适配方法，缩小了源域与目标域样本特征的分布差异，提高了源域智能诊断模型对目标域样本的诊断精度，在一定程度上实现了诊断知识的跨装备迁移。之后，结合深度学习与迁移学习理论，提出了多核特征空间适配的深度迁移智能诊断方法，利用深度网络自适应表征了源域与目标域样本的深层内部特征，度量并缩小了深层特征之间的多核植入 MMD，不仅克服了传统 MMD 方法核参数不易确定的问题，而且极大地提高了诊断知识跨装备迁移时的诊断精度。最后，提出了特征分布对抗适配的深度迁移智能诊断方法，在源域与目标域样本的深层特征分布适配中引入了对抗机制，同时缩小了特征的 MMD 与 JS 散度，进一步提高了深度迁移诊断模型在跨装备迁移诊断任务上的性能。

参考文献

[1] 雷亚国，杨彬，杜兆钧，等．大数据下机械装备故障的深度迁移诊断方法[J]．机械工程学报，2019，55(7)：1-8.

[2] 中国人工智能学会．中国机器学习白皮书[EB/OL]．http://www.caai.cn/index.php?s=/Home/File/download/id/24.html, 2016-01-09.

[3] PAN S J, YANG Q. A survey on transfer learning[J]. IEEE Transactions on Knowledge and Data Engineering, 2010, 22(10): 1345-1359.

[4] YANG B, LEI Y, JIA F, et al. An intelligent fault diagnosis approach based on transfer learning from laboratory bearings to locomotive bearings[J]. Mechanical Systems and Signal Processing, 2019, 122: 692-706.

[5] LEI Y, YANG B, JIANG X, et al. Applications of machine learning to machine fault diagnosis: A review and roadmap[J]. Mechanical Systems and Signal Processing, 2020, 138: 106587.

[6] HUANG J, SMOLA A J, GRETTON A, et al. Correcting sample selection bias by unlabeled data[C]//Advances in Neural Information Processing Systems in Vancouver, Canada, December 3-6, 2007: 601-608.

[7] SUGIYAMA M, NAKAJIMA S, KASHIMA H, et al. Direct importance estimation with model selection and its application to covariate shift adaptation[C]//Advances in Neural Information Processing Systems in Vancouver and Whistler, Canada, December 8-13, 2008: 1433-1440.

[8] DAI W, YANG Q, XUE G, et al. Boosting for transfer learning[C]//International Conference on Machine learning in Corvallis, USA, June 20-24, 2007: 193-200.

[9] 戴文渊. 基于实例和特征的迁移学习算法研究[D]. 上海：上海交通大学，2009.

[10] 龙明盛. 迁移学习问题与方法研究[D]. 北京：清华大学，2014.

[11] BLITZER J, MCDONALD R, Pereira F. Domain adaptation with structural correspondence learning[C]//Empirical Methods in Natural Language Processing in Sydney, Australia, July 22-23, 2006: 120-128.

[12] PAN S J, TSANG I W, KWOK J T, et al. Domain adaptation via transfer component analysis[J]. IEEE Transactions on Neural Networks, 2010, 22(2): 199-210.

[13] LONG M, WANG J, DING G, et al. Transfer feature learning with joint distribution adaptation[C]//IEEE International Conference on Computer Vision in Sydney, Australia, December 1-8, 2013: 2200-2207.

[14] GRETTON A, BORGWARDT K, RASCH M, et al. A kernel method for the two-sample-problem[C]//Advances in Neural Information Processing Systems in Vancouver, Canada, December 4-7, 2006: 513-520.

[15] YOSINSKI J, CLUNE J, BENGIO Y, et al. How transferable are features in deep neural networks[C]//Advances in neural information processing systems in Kuching, Malaysis, November 3-6, 2014: 3320-3328.

[16] TZENG E, HOFFMAN J, ZHANG N, et al. Deep domain confusion: Maximizing for domain invariance[J]. arXiv preprint arXiv:1412.3474, 2014.

[17] LONG M, WANG J, CAO Y, et al. Deep learning of transferable representation for scalable domain adaptation[J]. IEEE Transactions on Knowledge and Data Engineering, 2016, 28(8): 2027-2040.

[18] GRETTON A, SEJDINOVIC D, STRATHMANN H, et al. Optimal kernel choice for large-scale two-sample tests[C]//Advances in neural information processing systems in Lake Tahoe, USA, December 3-6, 2012: 1205-1213.

[19] LEE D H. Pseudo-label: The simple and efficient semi-supervised learning method for deep neural networks[C]//International Conference on Machine Learning Workshop on Challenges in Representation Learning in Atlanta, USA, June 16-21, 2013.

[20] CRESWELL A, WHITE T, DUMOULIN V, et al. Generative adversarial networks: An overview[J]. IEEE Signal Processing Magazine, 2018, 35(1): 53-65.

[21] GANIN Y, USTINOVA E, AJAKAN H, et al. Domain-adversarial training of neural networks[J]. The Journal of Machine Learning Research, 2016, 17(1): 2096-2030.

[22] TZENG E, HOFFMAN J, SAENKO K, et al. Adversarial discriminative domain adaptation[C]//IEEE Conference on Computer Vision and Pattern Recognition in Honolulu, USA, July 21-26, 2017: 7167-7176.

[23] GOODFELLOW I, POUGET-ABADIE J, MIRZA M, et al. Generative adversarial nets[C]//Advances in Neural Information Processing Systems in Montreal Convention Center, Montreal, Canada, December 8-11, 2014: 2672-2680.

[24] ARJOVSKY M, CHINTALA S, BOTTOU L. Wasserstein GAN[J]. arXiv preprint arXiv: 1701.07875, 2017.

[25] GUO L, LEI Y, XING S, et al. Deep convolutional transfer learning network: A new method for intelligent fault diagnosis of machines with unlabeled data[J]. IEEE Transactions on Industrial Electronics, 2018, 66(9): 7316-7325.

第6章

数据驱动的机械装备剩余寿命预测

前面几章着重阐述了机械装备智能故障诊断问题,在诊断出机械装备的故障后,需要预测其剩余寿命,实现预测性维护。机械装备剩余寿命预测根据机械装备历史服役记录、运行工况、服役环境、材料特性等信息,并结合实时状态监测数据,预测机械装备由当前健康状态退化到完全失去服役能力的时长。作为预测性维护的关键环节与技术难点,剩余寿命预测结果的准确与否直接关系到维护策略的成败[1]。如果预测结果大于真实剩余寿命,则无法对机械装备进行及时维护,导致事故发生;反之,提前维护则会使零部件还未满服役期就提前退役,造成资源浪费。因此,对机械装备进行预测性维护就如"看方抓药",只有全面掌握了机械装备的健康状态,对其剩余寿命进行准确预测,才能"对症下药",达到"药到病除"的效果。根据方法原理的不同,现有的剩余寿命预测方法主要分为两类:基于物理模型的剩余寿命预测方法和数据驱动的剩余寿命预测方法。基于物理模型的剩余寿命预测方法通过研究机械装备失效机理,建立机械装备衰退过程的数学物理模型,预测机械装备的剩余寿命。数据驱动的剩余寿命预测方法借助机器学习理论与方法,从监测数据中自主挖掘机械装备健康状态信息,进而构建监测数据与剩余寿命之间的映射关系,实现机械装备剩余寿命预测。基于物理模型的剩余寿命预测方法可解释性强,能够对机械装备衰退过程的物理机理进行模型化表示,但需要较强的先验知识或专家经验确定模型参数,而且各类机械装备失效机理复杂多样,个体差异较大,建模过程充满挑战。相反,数据驱动的剩余寿命预测方法借助机器学习的自学习能力构建智能预测模型,无须深入研究机械装备衰退机理,因此受到越来越多研究者的关注。

如图 6-1 所示，数据驱动的剩余寿命预测方法主要包括四个环节[2]：数据获取、健康指标构建、退化行为学习和剩余寿命预测。首先，通过在机械装备上安装振动、力、声发射、电流等不同类型的传感器，获取对应的物理信号。这些信号中蕴含丰富的机械装备退化信息，是剩余寿命预测的数据基础。然后，利用信号处理、机器学习等方法从监测数据中提取能够反映装备退化趋势的健康指标，并从单调性、趋势性等方面对健康指标进行系统的评价与选择，进而构建敏感健康指标。之后，将这些健康指标输入相关向量机（Relevance Vector Machines，RVM）、ANN、高斯过程回归等机器学习模型中，通过多次迭代训练，自动学习机械装备的退化规律。最后，利用训练好的机器学习模型，根据新获取的机械装备监测数据预测机械装备的剩余寿命。

图 6-1　数据驱动的剩余寿命预测流程

本章聚焦于数据驱动的机械装备剩余寿命预测方法，首先分析了传统健康指标构建方法在剩余寿命预测中存在的问题与不足，提出了基于循环神经网络（Recurrent Neural Network，RNN）的健康指标构建方法。然后提出了自适应多核组合 RVM 剩余寿命预测方法，解决人为选择核函数导致 RVM 的预测精度对参数依赖性大和健壮性弱的问题。接着构建了深度可分卷积网络（Deep Separable Convolutional Network，DSCN），建立了原始监测数据与机械装备剩余寿命之间的直接映射关系。最后，构建了循环卷积神经网络（Recurrent Convolutional Neural Network，RCNN），并基于变分推理对剩余寿命预测结果的不确定性进行了量化。

6.1 基于循环神经网络的健康指标构建方法

机械装备监测数据具有大容量、速度快、多样性、低价值密度等特性。这些特性促使机械装备健康指标（Health Indicator，HI）的额构建需要在现有基础上做出转变。传统的健康指标构建方法以先验知识为基础，需要人工设计特征提取算法。此外，构建的健康指标仅包含单一时间尺度信息。但在大数据时代，健康指标构建方法需要以数据为中心，通过机器学习方法充分挖掘与解析监测数据中蕴含的多时间尺度信息，自主构建健康指标。因此，本节重点研究大数据背景下如何利用深度学习优势来构建机械装备健康指标。

机械装备剩余寿命预测的健康指标通常可分为两类：物理健康指标和虚拟健康指标[3]。物理健康指标一般直接利用信号处理方法从振动信号中提取；而虚拟健康指标由多个物理健康指标或多个传感器数据融合得到。相比于物理健康指标，虚拟健康指标没有明确的物理意义，但因为综合了多方面信息，所以能够更有效地反映机械装备的健康状态。现有的虚拟健康指标构建方法主要存在以下两个问题：①传统的时域、频域与时频域特征往往具有不同的取值区间，导致不同特征在虚拟健康指标构建过程中具有不同的权重；②数据驱动的剩余寿命预测方法往往通过预测健康指标幅值超过失效阈值的时刻来确定机械装备的剩余寿命，因此失效阈值的设置将直接影响剩余寿命预测结果的准确性。然而，现有的虚拟健康指标在失效阶段通常具有较大的幅值变化区间，难以确定合理的失效阈值。

为了解决上述两个问题，本节提出了基于 RNN 的虚拟健康指标构建方法，如图 6-2 所示。该方法主要包含三个步骤：多域特征提取、特征评价与选择、健康指标构建。首先，为消除传统特征取值区间不同的问题，提出了相对相似性特征提取方法，分别从监测数据中提取 1 个时域相对相似性特征和 5 个频域相对相似性特征，结合 8 个时频域特征构成候选特征集。然后，综合考虑单调性和相关性两方面，对各候选特征进行定量评价，并从中选择能够较好地表征机械装备退化状态的敏感特征。最后，将选取的敏感特征输入 RNN，融合出新的健康指标 RNN-HI。

图 6-2 基于 RNN 的健康指标构建方法

6.1.1 多域特征提取

在特征提取环节，基于 RNN 的健康指标构建方法首先从获取的监测数据中提取均值、均方根值、峭度、裕度、峰值、标准差、熵、峰值指标、波形指标、脉冲指标和裕度指标等 11 个时域特征、5 个频带序列和 8 个时频域特征，然后使用提取的时域特征和频带序列构建相对相似性特征。

1. 相对相似性特征

相对相似性特征通过计算不同时刻的数据序列相似性得到。给定时刻 t 的数据序列为 f_t，初始时刻的数据序列为 f_0，那么相对相似性特征可计算为：

$$RS_t = \frac{\left|\sum_{i=1}^{k}(f_0^i - \tilde{f}_0)(f_t^i - \tilde{f}_t)\right|}{\sqrt{\sum_{i=1}^{k}(f_0^i - \tilde{f}_0)^2 \sum_{i=1}^{k}(f_t^i - \tilde{f}_t)^2}} \tag{6-1}$$

式中，k 是数据长度；$\tilde{f}_0$ 和 $\tilde{f}_t$ 分别为数据序列 $\{f_0^i\}_{i=1:k}$ 和 $\{f_t^i\}_{i=1:k}$ 的均值。如图 6-3 所示是一个相对相似性特征的计算过程。

图 6-3 相对相似性特征计算过程

基于式（6-1），基于 RNN 的健康指标构建方法共构建了 1 个时域相对相似性特征和 5 个频域相对相似性特征，具体如表 6-1 所示。时域相对相似性特征序列 f_T 由 11 个时域特征构成，其计算流程如下。

（1）分别提取参考信号和监测信号的时域特征，得到时域特征序列；

（2）通过式（6-1）计算监测信号与参考信号时域特征序列之间的相似性，得到时域相对相似性特征。

频域相对相似性特征序列 f_F 由频谱数据构成。5 个频域相对相似性特征的数据序列分别是全频带数据和 4 个子频带数据。假设信号的采样频率是 25.6 kHz，则 5 个频带分别是 0～12.8 kHz、0～3.2 kHz、3.2～6.4 kHz、6.4～9.6 kHz 和 9.6～12.8 kHz。具体计算流程如下。

（1）分别对参考信号和监测信号进行傅里叶变换得到相应的频率序列。

（2）由低频到高频将频率序列均分成 N 个频率段，得到频段内的特征序列。

（3）通过式（6-1）计算监测信号与参考信号频段特征序列之间的相似性，得到频域相对相似性特征。

表 6-1 提取的候选特征集

时域相对相似性特征		频域相对相似性特征		时频域能量比特征	
F1	由 11 个时域特征构成的 1 个相对相似性特征	F2	0～12.8 kHz 的相对相似性特征	F7	（3，0）的能量比
		F3	0～3.2 kHz 的相对相似性特征	F8	（3，1）的能量比
		F4	3.2～6.4 kHz 的相对相似性特征	F9	（3，2）的能量比
		F5	6.4～9.6 kHz 的相对相似性特征	F10	（3，3）的能量比
		F6	9.6～12.8 kHz 的相对相似性特征	F11	（3，4）的能量比
				F12	（3，5）的能量比
				F13	（3，6）的能量比
				F14	（3，7）的能量比

2．时频域特征

机械装备性能退化过程中，振动信号的频谱数据分布会随之变化。因此，不同频带内的能量比在一定程度上能够表征机械装备性能退化状态，时频域特征的具体提取步骤如下。

（1）对监测信号进行三层 Haar 小波包变换得到信号的小波时频变换值；

（2）计算信号在各节点处的能量与总能量之比。例如，时频域特征 F7 为节点（3，0）处的能量与总能量的比值。

6.1.2 特征评价与选择

在工程实际中，从监测信号中提取的时域、频域或时频域特征通常仅在某些特定工况下对机械装备的性能退化较为敏感。当工况发生改变时，这些特征将难以有效地表征机械装备的退化过程，进而影响剩余寿命预测的精度。因此，本节在研究多个特征评价准则的基础上，提出了新的特征评价方法，实现敏感特征的自动优选。

1．相关性评价准则

相关性评价准则刻画了特征与时间序列之间的相关程度[4]。两者之间的相关性越大，对应的特征越能较好地描述机械装备的性能退化过程。相关性可由下式定量评估：

$$\text{Corr} = \frac{\left|\sum_{t=1}^{T}(F_t - \tilde{F})(l_t - \tilde{l})\right|}{\sqrt{\sum_{t=1}^{T}(F_t - \tilde{F})^2 \sum_{t=1}^{T}(l_t - \tilde{l})^2}} \tag{6-2}$$

式中，F_t 和 l_t 分别是第 t 个样本的特征值和对应时刻；$\tilde{F}$ 和 $\tilde{l}$ 分别是样本特征值序列和时间序列的均值；T 是全寿命周期内的样本个数。相关性评价指标的取值为 0～1，而且特征与时间的相关性越好，取值越接近 1，否则越接近 0。

2. 单调性评价准则

单调性评价准则刻画了特征单调递减或单调递增的特性[5]。单调性基于以下现象提出：随着机械装备性能的逐渐退化，故障程度也会越来越严重，相应地，特征值也会表现出一定的退化趋势，即逐渐变大或变小。单调性可由下式定量评估：

$$\text{Mon} = \left|\frac{\text{num}(\text{d}F > 0)}{T-1} - \frac{\text{num}(\text{d}F < 0)}{T-1}\right| \tag{6-3}$$

式中，$\text{num}(\text{d}F > 0)$ 为特征序列差分值大于零的个数；$\text{num}(\text{d}F < 0)$ 为特征序列差分值小于零的个数；T 为特征序列的长度。单调性评价指标的取值为 0～1，而且特征的单调性趋势越好，取值越接近 1，否则越接近 0。

在进行特征优选时，需要综合考虑相关性和单调性。因此，本节将上述两个评价准则进行线性组合，得到如下综合评价准则：

$$\text{Cri} = \omega_1 \text{Corr} + \omega_2 \text{Mon} \tag{6-4}$$

式中，Cri 为综合评价指标；ω_1 和 ω_2 分别为两个评价准则的权重，本节取 $\omega_1 = \omega_2 = 0.5$。

6.1.3 健康指标构建

RNN 是一种用于处理时序型数据的神经网络，它对历史信息进行记忆并将其反馈到当前的输出中[6]。如图 6-4 所示是一个标准 RNN 模型，由输入层、隐藏层和输出层组成。其中，x_t 表示 t 时刻的输入，h_t 表示 t 时刻的隐状态，o_t 表示 t 时刻的输出，U 是输入层到隐藏层的权值矩阵，V 是隐藏层到输出层的权值矩阵，W 是隐藏层上一时刻的值作为当前时刻输入的权值矩阵。RNN 可以表示为：

$$o_t = g(V \cdot h_t + b_o) \tag{6-5}$$

$$h_t = f(U \cdot x_t + W \cdot h_{t-1} + b_h) \tag{6-6}$$

式中，$g(\cdot)$ 和 $f(\cdot)$ 表示非线性激活函数；b_o 和 b_h 分别表示输出层和隐藏层的偏置矩阵。虽然标准 RNN 模型解决了神经网络的记忆问题，而且在短期记忆中表现良好，但它在学习长期依赖关系时经常面临梯度消失或梯度爆炸问题，因此不具备长期记忆功能。本节使用了一种具有更强记忆功能的 RNN，即长短期记忆（Long Short-Term Memory，LSTM）网络。

图 6-4 标准 RNN 模型

LSTM 通过引入门控机制使其具有长期记忆能力[7]。LSTM 网络的隐含层单元叫作 LSTM 细胞，其内部结构如图 6-5 所示。LSTM 细胞内部有多个控制信息流动的门，包括遗忘门 f_t、信息增加门（i_t 和 $\tilde{C}_t$）和输出门 e_t。这些门控结构能够将有用的信息保留在细胞中，同时将无用信息移除。遗忘门 f_t 根据当前时刻的输入值 x_t 和上一时刻的隐藏状态 h_{t-1} 决定将多少上一时刻的细胞状态 C_{t-1} 保留到当前时刻的细胞状态 C_t 中，遗忘门可表达为：

$$f_t = \sigma_s(U_f \cdot x_t + W_f \cdot h_{t-1} + b_f) \tag{6-7}$$

式中，$\sigma_s(\cdot)$ 表示 Sigmoid 激活函数；U_f 和 W_f 表示权值矩阵；b_f 表示偏置矩阵。

信息增加门决定将哪些重要的新信息存放到当前的细胞状态 C_t 中。信息增加门由输入门 i_t 和细胞候选状态 $\tilde{C}_t$ 组成。i_t 计算输入值的重要程度，$\tilde{C}_t$ 将输入值约束在[–1,1]范围间，防止数值过大。i_t 和 $\tilde{C}_t$ 的具体计算公式如下：

$$i_t = \sigma_s(U_i \cdot x_t + W_i \cdot h_{t-1} + b_i) \tag{6-8}$$

$$\tilde{C}_t = \tanh(U_C \cdot x_t + W_C \cdot h_{t-1} + b_C) \tag{6-9}$$

式中，U_i、W_i、U_C 和 W_C 是权值矩阵；b_i 和 b_C 是偏置矩阵。

基于上述遗忘门和信息增加门，当前时刻的 LSTM 细胞状态 C_t 能够通过如下方式更新：

$$C_t = f_t \cdot C_{t-1} + i_t \cdot \tilde{C}_t \tag{6-10}$$

LSTM 细胞在 t 时刻的隐藏状态 h_t 由输出门 e_t 控制，即：

$$h_t = e_t \cdot \tanh(C_t) \tag{6-11}$$

$$e_t = \sigma_s(U_e \cdot x_t + W_e \cdot h_{t-1} + b_e) \tag{6-12}$$

式中，U_e 和 W_e 是权值矩阵；b_e 是偏置矩阵。

图 6-5 LSTM 细胞的内部结构

根据式（6-4）对提取的 14 个候选特征（6 个相对相似性特征与 8 个时频域特征）进行逐一评价，并优选出对机械装备退化较为敏感的特征。然后将这些敏感特征输入 RNN，自动构建健康指标 RNN-HI。

6.1.4 滚动轴承健康指标构建

1. 数据介绍

本节使用公开的 FEMTO-ST 轴承数据集对基于 RNN 的健康指标构建方法进行验证。实验数据来源于 PRONOSTIA 实验台[8]。如表 6-2 所示，FEMTO-ST 轴承数据集共包含 3 种不同的实验工况，工况 1 和 2 下分别测试了 7 个滚动轴承，工况 3 下测试了 3 个滚动轴承。为了获取每个轴承的全寿命周期监测数据，分别在测试轴承的水平方向和垂直方向上安装振动加速度传感器。振动信号的采样频率是 25.6 kHz，每次采样时长是 0.1 s，即 2 560 个数据点，采样间隔是 10 s。如图 6-6 所示展示了轴承 1-1 的全寿命周期振动信号。从图中可以看出，随着时间的推移，水平方向和垂直方向的振动信号幅值也逐渐增大，表明轴承在实验过程中逐渐退化。

表 6-2 FEMTO-ST 轴承数据集

工况	径向载荷/kN	电机转速/r·min⁻¹	轴承编号	
			训练数据集	测试数据集
1	4	1 800	轴承 1-1　轴承 1-2	轴承 1-3　轴承 1-4　轴承 1-5 轴承 1-6　轴承 1-7
2	4.2	1 650	轴承 2-1　轴承 2-2	轴承 2-3　轴承 2-4　轴承 2-5 轴承 2-6　轴承 2-7
3	5	1 500	轴承 3-1　轴承 3-2	轴承 3-3

(a) 水平方向的振动信号

(b) 垂直方向的振动信号

图 6-6　轴承 1-1 全寿命周期振动信号

2. 健康指标构建结果

由于径向载荷施加在测试轴承的水平方向，因此，相比于垂直方向的振动信号，水平方向的振动信号能更好地反映轴承的退化过程。本节使用水平方向的振动信号来构建轴承的健康指标。首先，从获取的振动信号中提取 1 个时域相对相似性特征（F1）、5 个频域相对相似性特征（F2~F6）和 8 个时频域特征（F7~F14）。如图 6-7 所示展示了轴承 1-1 的频域相对相似性特征 F2，并对特征进行了平滑处理。从图中可以看出，频域相对相似性特征 F2 的幅值分布范围为 0~1，而且随着时间的推移呈现出下降的趋势。

图 6-7　轴承 1-1 频域相对相似性特征 F2

然后，分别计算 14 个特征的单调性指标和相关性指标，结果分别如图 6-8 和图 6-9 所示。从图中可以看出，本节提出的频域相对相似性特征 F2 在单调性指标和相关性评价指标上都具有最高均值，这说明频域相对相似性特征具有良好的单调性和相关性。再利用式（6-4）计算这 14 个特征的综合评价指标，并对所得的综合评价指标进行归一化处理，结果如图 6-10 所示。设置特征筛选的阈值为 0.5。由图 6-10 可以看出，共有 8 个候选特征（F2、F10、F11、F9、F3、F1、F12、F14）的归一化综合评价指标超过了特征选择阈值。在这 8 个优选出的特征中，3 个特征是本节所提出的相对相似性方法所构建的特征值。因此，本节提出的相对相似性特征能较好地表征轴承退化过程，而且这些特征具有固定的幅值分布范围，即 0~1。

图 6-8　14 个相对相似性特征的单调性评估结果

图 6-9　14 个相对相似性特征的相关性评估结果

图 6-10 14 个相对相似性特征的综合评估结果

最后,将选择的 8 个特征值构成的特征向量输入 LSTM,自动构建虚拟健康指标 RNN-HI。LSTM 网络的连续时间长度设置为 10,网络层数设置为 3。如图 6-11(a)所示为基于 RNN 的健康指标构建方法所构建的轴承 1-1、轴承 1-2、轴承 2-1、轴承 2-2、轴承 3-1 和轴承 3-2 的健康指标 RNN-HI。由图可以看出,基于 RNN 的健康指标构建方法所构建的健康指标 RNN-HI 的幅值分布范围为 0~1,而且随着时间的推移呈现出增长趋势。为证明该方法在健康指标构建中的优势,本节将 RNN-HI 与常用的基于自组织映射(Self-Organization Mapping,SOM)神经网络的健康指标 SOM-HI[9]进行了比较。对比图 6-11(a)和图 6-11(b)可以发现,在轴承完全失效时,6 个轴承的 RNN-HI 值均接近 1,而 SOM-HI 值则存在较大差异。此外,相比于 SOM-HI,RNN-HI 具有更好的单调性和趋势性,更有利于预测轴承的剩余寿命。

图 6-11 轴承健康指标比较

6.2 自适应多核组合相关向量机剩余寿命预测方法

RVM 是一种有监督的机器学习模型[10]，它不仅克服了 SVM 惩罚系数难确定、核函数必须满足 Mercer 定理等问题，还能提供概率性的预测结果，因而被应用于数据驱动的机械装备剩余寿命预测中。本节针对 RVM 研究中人为选择单一核函数导致预测精度对参数依赖性大和健壮性弱的问题，提出了一种自适应多核组合 RVM 剩余寿命预测方法。该方法首先选择多个核函数，利用粒子滤波产生核函数权重，建立多核组合 RVM 集，然后经过不断的迭代预测、权值更新和重采样，自适应选择最优多核组合 RVM，从而融合多个核函数的特性，克服基于单一核函数 RVM 的局限，提高预测精度和健壮性。

6.2.1 相关向量机基本原理

1. RVM

RVM 作为一种建立在贝叶斯框架下的监督学习模型。用于模型训练的数据样本由输入向量 $\{x_n | n=1,2,\cdots,N\}$ 及其对应的目标值 $\{z_n | n=1,2,\cdots,N\}$ 组成。RVM 使用下列线性模型来描述输入向量 x_n 与目标值 z_n 之间的对应关系：

$$z_n = y(x_n) + \varepsilon_n \tag{6-13}$$

$$y(x_n) = \sum_{i=1}^{N} w_i k(x_i, x_n) = w^T k(x, x_n) \tag{6-14}$$

式中，ε_n 是附加的噪声项，且 $\varepsilon_n \sim N(0, \sigma^2)$；$x = (x_1, x_2, \cdots, x_N)^T$；$w = (w_1, w_2, \cdots, w_N)^T$ 是权重向量；$k(\cdot, \cdot)$ 是核函数。因此，目标值 z_n 的条件概率服从均值为 $y(x_n)$、方差为 σ^2 的高斯分布，目标向量 z 的条件概率可以表示为：

$$p(z|w, \sigma^2) = \prod_{n=1}^{N} p(z_n | w, \sigma^2) = (2\pi\sigma^2)^{-N/2} \exp\left\{-\frac{1}{2\sigma^2}\|z - \Phi w\|^2\right\} \tag{6-15}$$

式中，$z = (z_1, z_2, \ldots, z_N)^T$；$\Phi = [k(x, x_1), k(x, x_2), \cdots, k(x, x_N)]^T$ 是一个 $N \times N$ 的核矩阵。

在式（6-15）中，利用极大似然估计法求解 w 和 σ^2 时，经常出现过拟合问题。为了避免这一问题，RVM 引入了关于 w 的自动相关性来确定高斯先验，即

$$p(w|\alpha) = \prod_{i=1}^{N} N(w_i | 0, \alpha_i^{-1}) \tag{6-16}$$

式中，$\boldsymbol{\alpha} = (\alpha_1, \alpha_2, \cdots, \alpha_N)^T$ 是超参数向量，且每个独立的超参数 α_i 表示对应权重 w_i 的精度。基于贝叶斯公式，w 的后验分布可表示为：

$$p(w|z, \boldsymbol{\alpha}, \sigma^2) = \frac{p(z|w, \sigma^2) p(w|\boldsymbol{\alpha})}{p(z|\boldsymbol{\alpha}, \sigma^2)} \quad (6\text{-}17)$$

式中，w 的后验分布服从均值为 $\boldsymbol{\mu} = \boldsymbol{\Sigma}\boldsymbol{\Phi}^T \boldsymbol{B} z$、方差为 $\boldsymbol{\Sigma} = (\boldsymbol{\Phi}^T \boldsymbol{B} \boldsymbol{\Phi} + \boldsymbol{A})^{-1}$ 的高斯分布，其中，$\boldsymbol{A} = \text{diag}(\alpha_1, \alpha_2, \cdots, \alpha_N)$，$\boldsymbol{B} = \sigma^{-2} \boldsymbol{I}_N$。通过对模型参数进行积分，可得超参数 $\boldsymbol{\alpha}$ 和 σ^2 的对数边际似然函数为：

$$\ln p(z|\boldsymbol{\alpha}, \sigma^2) = \ln \int p(z|w, \sigma^2) p(w|\boldsymbol{\alpha}) \mathrm{d}w = -\frac{1}{2}\left[N \ln(2\pi) + \ln|\boldsymbol{C}| + z^T \boldsymbol{C}^{-1} z\right] \quad (6\text{-}18)$$

$$\boldsymbol{C} = \sigma^2 \boldsymbol{I} + \boldsymbol{\Phi} \boldsymbol{A}^{-1} \boldsymbol{\Phi}^T \quad (6\text{-}19)$$

由于最大化式（6-18）无法得到超参数 $\boldsymbol{\alpha}$ 和 σ^2 的近似解，因此 RVM 使用连续稀疏贝叶斯学习算法优化超参数 $\boldsymbol{\alpha}$ 和 σ^2[11]。在获取最优的超参数值 $\boldsymbol{\alpha}_{\text{MP}}$ 和 σ_{MP}^2 后，对于一个给定的新输入 x_*，其对应的目标值 z_* 的预测性分布可通过下式计算得到：

$$\begin{aligned} p(z_*|z, \boldsymbol{\alpha}_{\text{MP}}, \sigma_{\text{MP}}^2) &= \int p(z_*|w, \sigma_{\text{MP}}^2) p(w|z, \boldsymbol{\alpha}_{\text{MP}}, \sigma_{\text{MP}}^2) \mathrm{d}w \\ &= N\left(z_* \big| \boldsymbol{\mu}_{\text{MP}}^T K(x, x_*), \sigma_{\text{MP}}^2 + K(x, x_*)^T \boldsymbol{\Sigma}_{\text{MP}} K(x, x_*)\right) \end{aligned} \quad (6\text{-}20)$$

2. 核函数

由以上理论可知，RVM 是一种含有核函数的概率模型，该模型运用核映射实现高维特征空间中的非线性变换，因此核函数是决定 RVM 预测精度的重要因素之一。如表 6-3 所示，核函数分为全局核函数和局部核函数两类。不同类型的核函数具有不同的特性，其中全局核函数具有较强的泛化能力，局部核函数具有较强的非线性逼近能力。此外，即使属于同一类型的多个核函数，其泛化能力或非线性逼近能力也有差异。

表 6-3 常见核函数

类型	名称	表达式	特性
全局核函数	多项式核函数	$k(x, y) = (\alpha x^T y + c)^d$	泛化能力强
	样条核函数	$k(x, y) = 1 + x^T y + x^T y \cdot \min(x^T y) - \frac{(x+y)}{2} \cdot \min\left[(x^T y)^2\right] + \frac{1}{3} \min\left[(x^T y)^3\right]$	

续表

类型	名称	表达式	特性
局部核函数	高斯径向基核函数	$k(x,y) = \exp\left(-\dfrac{\|x-y\|^2}{\delta^2}\right)$	非线性逼近能力强
	柯西核函数	$k(x,y) = 1 / \left(1 + \dfrac{\|x-y\|^2}{\delta}\right)$	
	逆多元二次核函数	$k(x,y) = 1 / \sqrt{\|x-y\|^2 + c^2}$	
	拉普拉斯核函数	$k(x,y) = \exp\left(-\dfrac{\|x-y\|}{\delta}\right)$	

6.2.2 基于自适应多核组合相关向量机的剩余寿命预测方法

在基于 RVM 的剩余寿命预测研究中，人为选择单一核函数增加了预测精度对参数的依赖性，降低了 RVM 预测的健壮性。此外，由于各个核函数对不同趋势数据的预测精度不同，因此运用单一核函数建立的 RVM 不能兼顾预测精度和模型健壮性。针对以上问题，根据"取长补短、优势互补"的思想，本节提出了自适应多核组合 RVM 剩余寿命预测方法，将不同的核函数进行融合，集成各个核函数的特性，建立多核组合核函数。该方法的预测流程如图 6-12 所示，主要包括四个步骤：构建健康指标、建立多核组合 RVM 集、自适应优选多核组合 RVM、预测退化趋势与剩余寿命。

1. 构建健康指标

在进行剩余寿命预测之前，需要构建一个能够反映机械装备在全寿命周期内退化趋势的健康指标，以衡量其健康状况并预测剩余寿命。自适应多核组合 RVM 剩余寿命预测方法首先利用三层小波包分解将监测信号分解到 8 个子频带上，然后分别计算每个子频带的能量值，最后选择趋势性最好的子频段能量值作为健康指标。

2. 建立多核组合 RVM 集

由核函数的凸组合定理可知，核函数进行线性组合获得的函数仍为核函数，这不仅满足核函数的基本定理，而且可融合多个核函数特性。核函数线性组合为：

$$\tilde{k}(x,y) = \sum_{m=1}^{M} w_m k_m(x,y) \tag{6-21}$$

式中，M 是单一核函数的数目；w_m 是第 m 个单一核函数权重，且 $0 \leq w_m \leq 1$，$\sum_{m=1}^{M} w_m = 1$；$k_m(\pmb{x}, \pmb{y})$ 是第 m 个单一核函数。若单一核函数 $k_m(\pmb{x}, \pmb{y})$ 及其权重 w_m 选取合适，则组合核函数 $\tilde{k}(\pmb{x}, \pmb{y})$ 能表现出更强的泛化能力和非线性逼近能力。

基于以上分析，为了构造性能更优的多核组合核函数，并避免人为选择核函数的主观性，自适应多核组合 RVM 剩余寿命预测方法首先选择 m 个单一核函数，形成核函数集。然后利用粒子滤波产生一系列多核组合核函数权重粒子，形成多核组合核函数权重矩阵 $\pmb{w}^{m \times n} = \{\pmb{w}_i\}_{i=1}^{n}$，并采用线性组合构造多核组合核函数集：

$$k_i = \sum_{j=1}^{m} w_i^j k^j \tag{6-22}$$

式中，k_i（$i = 1, 2, \cdots, n$）是第 l 个多核组合核函数；k^j（$j = 1, 2, \cdots, m$）是第 j 个单一核函数；$0 \leq w_i^j \leq 1$。最后，利用多核组合核函数集建立多核组合 RVM 集，并使用训练样本集训练各个多核组合 RVM。

3. 自适应优选多核组合 RVM

由于上步中训练好的 n 个多核组合 RVM 预测性能各异，需要对这些模型进一步优选，以获得预测性能最佳的多核组合 RVM。具体过程如下。首先，将训练好的每个多核组合 RVM 作为一个模型粒子。然后，初始化各个模型粒子的权重。最后，使用粒子滤波不断地进行迭代预测、权重更新和重采样，统计各个模型粒子的数量，依据模型粒子的数量，自适应筛选出最优多核组合 RVM。

4. 预测退化趋势与剩余寿命

利用最优多核组合 RVM 预测机械装备的退化趋势，并依据设定的失效阈值，计算机械装备剩余寿命。

图 6-12 自适应多核组合 RVM 剩余寿命预测方法的预测流程

6.2.3 齿轮剩余寿命预测

1. 数据介绍

使用齿轮全寿命周期数据对自适应多核组合 RVM 剩余寿命预测方法进行验证[12]。齿轮疲劳寿命实验台如图 6-13 所示，该实验台采用"背靠背"式结构设计，由两个相同传动比的齿轮箱连接构成。其中一个齿轮箱为测试齿轮箱，另一个为陪试齿轮箱。为保证实验过程中齿轮故障只发生在测试齿轮箱中，在陪试齿轮箱中安装宽齿斜齿轮，在测试齿轮箱中安装窄齿直齿轮。两个小齿轮的连接轴为高性能弹性轴，通过扭力加载装置将两根弹性轴端面相对旋转一定角度，使两根轴产生弹性变形，从而实现齿轮加载。设置驱动电动机的转速为 1 460 r/min，负载为 1 200 N·m，采用加速度传感器不断获取测试齿轮箱的振动信号，采样频率为 20 kHz，每次采样时长为 6 s。测试齿轮运行 71.5 min 后严重失效，停机检测到测试小齿轮出现严重裂纹故障。

（a）实验台照片　　　　　　　　　（b）实验台结构

图 6-13　齿轮疲劳寿命实验台

测试齿轮的全寿命周期振动信号如图 6-14 所示。从图中可以看出，振动信号的幅值在起始阶段波动较大，随后趋于平稳，最后随着齿轮故障的出现与加剧逐渐表现出明显的增长趋势。起始阶段的信号波动由齿轮前期的磨合所致，该阶段的齿轮处于健康状态，无须对齿轮进行剩余寿命预测。因此，选取齿轮全寿命周期振动信号的后半段进行分析，利用自适应多核组合 RVM 剩余寿命预测方法对齿轮的剩余寿命进行预测。

图 6-14　测试齿轮全寿命周期振动信号

2．剩余寿命预测结果

为构建齿轮的健康指标，首先利用三层小波包分解将振动信号分解到 8 个独立子频带上，然后计算每个子频带的能量值。各子频带的能量值计算公式为：

$$E(j) = \sum_{j=1}^{N} x^2(j) \tag{6-23}$$

式中，$E(j)$ 是各子频带的能量值，其中 $j = 1, 2, \cdots, 8$；$x(j)$ 是各子频带时域信号的幅值成分；N 是数据点数。如图 6-15 所示给出了子频带 1～8 的能量值变化趋势。从图中可以看出，各个子频带能量值的变化趋势有所差异，有些子频带能量值随着时间的推移有整体上升的趋势，而有些则有下降的趋势，反映出齿轮振动信号能量随故障程度的加剧而增大或减小，性能不断退化。所有子频带能量值在实验的最后时刻都出现急剧上升或下降，表明齿轮故障演化到一定程度后突然完全失效。其中，子频带7的能量值整体变化趋势表现为单调缓慢上升，而且趋势性强。因此，选择子频带7的能量值作为齿轮健康指标，用于预测齿轮退化趋势与剩余寿命。为了降低健康指标的波动性，对健康指标进行了平滑处理。

图 6-15 子频带 1—8 的能量值变化趋势

由图 6-15（g）可知，健康指标的幅值随齿轮性能的退化而逐渐增大，并在实验的最后时刻发生突变。若选择健康指标的最大幅值作为失效阈值，将不利于及时开展维修活动，增大齿轮突然失效的风险。因此，本节将齿轮失效阈值设置为健康指标突变前的幅值，即 1 735 g^2。确定失效阈值之后，分别利用自适应多核组合 RVM 和基于单一核函数的 RVM 对齿轮退化趋势与剩余寿命进行预测。使用的核函数包括高斯径向基核函数、柯西核函数、多项式核函数、样条核函数和逆多元二次核函数。图 6-16（a）和（b）分别给出了自适应多核组合 RVM 和基于单一核函数的 RVM 在第 20 min 和第 30 min 时齿轮退化趋势的预测结果。从图中可以看出，自适应多核组合 RVM 在第 20 min 和第 30 min 时均能较为准确地预测出齿轮的退化趋势，而基于单一核函数的 RVM 预测精度较低或健壮性弱。例如，基于柯西核函数和样条核函数的 RVM 在第 20 min 时的预测结果与齿轮的真实退化趋势较为接近，但在第 30 min 时的预测结果与真实退化趋势存在较大偏差。

图 6-16　自适应多核组合 RVM 与基于单一核函数的 RVM 的齿轮退化趋势预测结果

根据退化趋势预测结果，在第 20 min—第 35 min，每隔 2 min 进行一次剩余寿命预测，结果如图 6-17 所示。从图中可以看出，在预测起始时刻，两种方法的预测误差较大，但随着时间的推移，自适应多核组合 RVM 的预测值迅速收敛于真实值，而且表现出比基于单一核函数的 RVM 更好的预测效果。为了更直观地比较两种方法的预测性能，如表 6-4 所示给出了各预测方法在齿轮剩余寿命预测中的绝对百分误差。从表中可以看出，自适应多核组合 RVM 的绝对百分误差的均值为 6.395%，方差为 26.429，均小于其他基于单一核函数的 RVM，说明自适应多核组合 RVM 的预测精度更高，健壮性更强。

图 6-17　自适应多核组合 RVM 与基于单一核函数的 RVM 的齿轮剩余寿命预测值

表 6-4 自适应多核组合 RVM 与基于单一核函数 RVM 的预测绝对百分误差对比

核函数	绝对百分误差的平均值（%）	绝对百分误差的方差
高斯径向基核函数	28.943	35.196
逆多元二次核函数	+∞	+∞
柯西核函数	17.320	45.857
多项式核函数	11.735	33.359
样条核函数	57.589	145.396
提出方法	6.395	26.429

注：由于基于逆多元二次核函数的 RVM 在某些时刻的剩余寿命预测值为无穷大，故其绝对百分误差的平均值与方差均为无穷大

6.3 深度可分卷积网络构建及剩余寿命预测

随着人工智能技术的蓬勃发展，DBN、CNN、RNN 等深度学习方法逐渐被引入数据驱动的剩余寿命预测方法[13]。相比于 RVM、ANN 等浅层智能模型，深度预测模型具有信息挖掘与表征学习的能力，能够统筹退化信息挖掘与映射关系学习过程，建立原始监测数据与剩余寿命预测之间的直接映射关系，进而获得更加准确的剩余寿命预测结果。本节基于深度学习理论研究新的数据驱动剩余寿命预测方法——DSCN，其中引入了可分卷积取代标准卷积，旨在建立不同传感器数据之间的相互作用关系。同时，为了提高预测网络对重要退化信息的敏感程度，DSCN 在可分卷积层后构造了一个信息精炼单元，即 SE（Squeeze and Excitation）单元。使用可分卷积层和 SE 单元构建多个可分卷积模块，通过堆叠这些可分卷积模块，DSCN 能够自动地从输入的原始监测数据中学到多层次的数据表征，无须预先构建机械装备健康指标，进而通过全连接层输出机械装备的剩余寿命。

6.3.1 可分卷积模块构建

1. 可分卷积

为了全面监测机械装备的退化状态，通常在机械装备的不同部件上安装多个传感器。这些多传感器监测数据组成了多通道时间序列输入数据，而且具有以下两个明显的特点：

①同一通道的时间序列数据具有时间尺度上的自相关性,即时间相关性,这是因为这些数据来自同一监测传感器,反映了被监测部件随时间的退化过程;②不同通道的时间序列数据具有互相关性,即通道相关性,这是因为不同部件在结构上存在关联,某个部件发生故障时会诱发另外一个关联部件也产生故障,而且不同部件之间的故障会相互作用,最终导致机械装备完全失效。因此,为了在学习各个部件退化规律的同时,捕捉不同部件之间的相互作用关系,DSCN 将可分卷积引入机械装备剩余寿命预测。

如图 6-18 所示,可分卷积可视为是对标准卷积的一种因式分解,由逐通道卷积和逐点卷积组成。首先,逐通道卷积使用单个卷积核在每个输入通道上执行卷积操作,单独地构建各通道的时间相关性。然后,逐点卷积使用 1×1 的卷积核将逐通道卷积的输出线性联合起来,建立不同通道之间的相关性。通过以上两个独立的步骤,可分卷积能够依次学习输入数据的时间相关性和通道相关性。不同于标准卷积同时映射时间相关性和通道相关性并建模机械装备的退化过程,可分卷积在表征学习过程中能够将输入数据的时间相关性和通道相关性充分地解耦,有效地学习与捕捉传感器数据之间的依赖性和相关性。假设 $\boldsymbol{x}^{l-1} \in \mathbb{R}^{H \times W \times C}$ 为可分卷积层的输入,$\boldsymbol{K} \in \mathbb{R}^{M \times 1 \times C \times N}$ 为标准卷积核。其中,H 和 W 分别为输入的长度和宽度(维度);C 是输入的通道数;$M \times 1$ 是标准卷积核的尺寸;N 是标准卷积核的个数。若 $\boldsymbol{x}^{l-1}$ 为多传感器输入的原始数据,H 是每个传感器序列的长度,W 等于 1,C 是监测传感器个数,此处假设一个监测传感器仅能获取一个传感器序列。在可分卷积操作中,标准卷积核 $\boldsymbol{K}$ 将被因式分解为逐通道卷积核 $\boldsymbol{R} \in \mathbb{R}^{M \times 1 \times C}$ 和逐点卷积核 $\boldsymbol{P} \in \mathbb{R}^{C \times N}$。由此,可分卷积层的第 n 个输出 z_n^l 可通过下式计算得到:

$$\boldsymbol{y}_c^l = \boldsymbol{R}_c * \boldsymbol{x}_c^{l-1} + \boldsymbol{b}_c^l \tag{6-24}$$

$$\boldsymbol{z}_n^l = \sum_{c=1}^C \boldsymbol{P}_n * \boldsymbol{y}_c^l + \boldsymbol{b}_n^l \tag{6-25}$$

式中,$\boldsymbol{y}_c^l$ 是第 c 个逐通道卷积的输出;$\boldsymbol{R}_c$ 是第 c 个输入通道的逐通道卷积核;$\boldsymbol{b}_c^l$ 是对应于 $\boldsymbol{R}_c$ 的偏置项;$\boldsymbol{P}_n$ 是第 n 个尺寸为 1×1 的逐点卷积核;$\boldsymbol{b}_n^l$ 是对应于 $\boldsymbol{P}_n$ 的偏置项。

(a) 标准卷积操作过程   (b) 可分卷积操作过程

图 6-18　标准卷积与可分卷积操作过程

2. SE 单元

经过可分卷积操作后，可分卷积层获得了不同的特征面，而且这些特征面包含不同的退化信息量。有些特征面具有丰富的机械装备退化信息，而有些特征面的退化信息匮乏。因此，为了突出具有丰富退化信息的特征面并抑制退化信息匮乏的特征面，DSCN 在可分卷积层后构建了 SE 单元。SE 单元能够自动地评估每个特征面所包含的表征信息量，然后对各个特征面进行重新标定，如图 6-19 所示。具体来说，SE 单元的特征面重新标定过程分为两步：信息浓缩与权重计算。

首先，使用全局平均池化压缩可分卷积层的每个特征面 z_n^l，进而将每个特征面的全局信息浓缩到一个通道描述器 $u^l \in \mathbb{R}^C$ 中。u^l 由 N 个统计值组成，且第 n 个值 u_n^l 可由下列公式计算得到：

$$u_n^l = \frac{1}{H} \sum_{h=1}^{H} z_{n,h}^l \tag{6-26}$$

然后，基于通道描述器 u^l，使用一个门控机制评估每个通道（特征面）的信息量，进而计算对应的通道权重 ω^l，即：

$$\omega^l = \sigma_s \left[W_2^l \cdot \sigma_r \left(W_1^l u^l \right) \right] \tag{6-27}$$

式中，$\sigma_s(\cdot)$ 和 $\sigma_r(\cdot)$ 分别为 Sigmoid 和 ReLU 激活函数；$W_1^l \in \mathbb{R}^{\frac{N}{r} \times N}$ 和 $W_2^l \in \mathbb{R}^{N \times \frac{N}{r}}$ 为权重矩阵，其中，r 是维度降低率。为了降低网络的计算复杂度，式（6-27）中的门控机制由两个全连接层构成，其神经元个数分别为 N/r 和 N。获得通道权重 ω^l 后，根据每个特征面的

信息量重新对权重进行标定，即 $\tilde{z}_n^l = \omega_n^l \cdot z_n^l$。

图 6-19 构建的 SE 单元及其特征面重新标定过程

3. 可分卷积模块

深度神经网络的表征学习能力可以通过堆叠更多的权重层来不断增强。然而，随着网络深度的增加，训练变得更加困难，导致预测精度停滞甚至下降。因此，除了可分卷积与 SE 单元，DSCN 还采用了残差连接构建可分卷积模块，不仅可以降低 DSCN 的训练难度，同时也避免了因网络深度增加而导致的性能退化问题[14]。此外，DSCN 将预激活策略应用到可分卷积模块中，弱化过拟合问题，提高 DSCN 的泛化能力。如图 6-20 所示为可分卷积模块的结构，该模块包含 2 个可分卷积层、1 个平均池化层和 1 个 SE 单元。残差连接添加在可分卷积模块的输入 x^{l-1} 和输出 x^l 之间，批归一化和 ReLU 激活函数放置在每个可分卷积层前，构成了预激活策略。

图 6-20 可分卷积模块的结构

在可分卷积模块中，批归一化旨在使每个分卷积层的输入更加稳定并抑制过拟合问题，允许 DSCN 在使用较大的学习率时对参数初始化不敏感。对于输入 $\boldsymbol{x}^{l-1} = \left(\boldsymbol{x}_1^{l-1}, \boldsymbol{x}_2^{l-1}, \cdots, \boldsymbol{x}_C^{l-1} \right)$，批归一化对每个通道上的数据 $\boldsymbol{x}_c^{l-1}$ 执行如下操作：

$$\hat{\boldsymbol{x}}_c^{l-1} = \frac{\boldsymbol{x}_c^{l-1} - \mu_B}{\sqrt{\sigma_B^2 + \varepsilon}} \tag{6-28}$$

$$\boldsymbol{y}_c^{l-1} = \gamma_c \hat{\boldsymbol{x}}_c^{l-1} + \beta_c \tag{6-29}$$

式中，$\boldsymbol{y}_c^{l-1}$ 是 $\boldsymbol{x}_c^{l-1}$ 批归一化以后的输出；μ_B 和 σ_B^2 分别是批样本第 c 个通道的均值和方差；ε 是一个常数；γ_c 是第 c 个可学习的尺度参数；β_c 是第 c 个可学习的形状参数。

在标准卷积网络中，批归一化和 ReLU 激活函数通常放置于标准卷积操作之后。然而，在具有残差连接的卷积网络中，这种后激活策略并不能充分利用批归一化的优势。因此，DSCN 在可分卷积模块中使用了预激活策略，即将批归一化和 ReLU 激活函数置于每个可分卷积层前。此外，为了降低表征的维数，在 SE 单元前放置 1 个平均池化层执行降采样。通过对重新标定后的特征面 $\tilde{\boldsymbol{z}}_n^l$ 和输入 $\boldsymbol{x}^{l-1}$ 执行逐元素相加，获得可分卷积模块的输出 $\boldsymbol{x}^l$，并将其前馈到后续的可分卷积模块或其他处理层中。

6.3.2 网络结构与剩余寿命预测

DSCN 的网络结构如图 6-21 所示，其输入是多传感器的原始监测数据，输出是对应的机械装备剩余寿命值。DSCN 由两个子网络构成，即表征学习子网络和剩余寿命预测子网络。表征学习子网络由多个可分卷积模块堆叠而成，能够自动地从输入数据中挖掘机械装备退化信息，进而学到不同层次的表征。剩余寿命预测子网络包含 1 个全局平均池化层和 1 个全连接层，能够利用表征学习子网络学到的深层特征进行回归分析，进而预测机械装备的剩余寿命值。关于 DSCN 的剩余寿命预测过程，详细描述如下。

（1）表征学习子网络首先使用一个可分卷积层处理输入的多传感器监测数据。在该可分卷积层中，输入数据的尺寸是 $H \times 1 \times C$，逐通道卷积核的尺寸是 $M \times 1$，逐点卷积核的个数是 N，且批归一化和 ReLU 放置于可分卷积操作之后。在可分卷积层后，使用具有非重叠窗（即池化尺寸 p 等于滑动步长 s）的平均池化层执行降采样操作。随后，将学到的浅层特征前馈到后续的 $D-1$ 个可分卷积模块中，学习特征的深层表征。对于第 d 个可分卷积模块,两个可分卷积层具有相同的超参数设置,即逐通道卷积核的尺寸为 $M×1$,逐点卷积核的个数为 $2^d N$。此外,第 d 个可分卷积模块的平均池化层也使用非重叠窗,且 SE 单元的维度降低率 r 设置为 16。

(2)剩余寿命预测子网络首先使用全局平均池化层接收来自表征学习子网络的深层特征,即第 D 个可分卷积模块的输出。对应地,来自第 D 个可分卷积模块的 $2^d N$ 特征面转换为一个长度为 $2^d N$ 的一维数组。需要说明的是,这里使用全局平均池化层的目的主要是减少预测网络的参数量,以提高网络的训练速度。在全局平均池化层后,使用一个全连接层作为 DSCN 的输出层。这个全连接层采用 ReLU 作为激活函数,仅包含一个神经元,以预测机械装备的剩余寿命。

图 6-21 DSCN 的网络结构

6.3.3 滚动轴承剩余寿命预测

1. 实验设计与数据获取

滚动轴承被称为"工业关节",广泛应用于航空发动机、数控机床、风电机组等机械装备中,轴承故障是装备失效的常见诱因。因此,本节以滚动轴承为研究对象,开展轴承加速退化实验,获取轴承全寿命周期监测信号,进而对 DSCN 剩余寿命预测方法进行验证。实验所用的轴承加速退化测试平台如图 6-22 所示。该平台由交流电动机、变频器、转轴、支撑轴承、液压加载系统和测试轴承等组成,可以在不同工况下开展多种型号滚动轴承的加速退化实验。该平台可调节径向力和转速,其中径向力由液压加载系统产生,作用于测试轴承的轴承座上,转速由交流电动机的变频器设置与调节。为了监测轴承的退化状态,分别在测试轴承的水平和竖直方向布置振动加速度传感器。振动信号的采样频率设置为25.6 kHz,采样间隔为1 min,每次采样时长为1.28 s。如表6-5所示,实验共设计了3种工况,每种工况下测试5个LDK UER204滚动轴承。故障滚动轴承如图6-23所示,包括内圈磨损、保持架断裂、外圈磨损、外圈裂损等。如图6-24所示给出了不同工况下水平方向和垂直方向的轴承全寿命周期振动信号。为了验证DSCN剩余寿命预测方法的有效性,在每类工况下选择前4个轴承数据用来训练,剩余的1个轴承数据用来测试。水平方向和垂直方向的振动信号均作为DSCN的输入。

图 6-22 轴承加速退化测试平台

表 6-5 实验工况设置

工况	径向载荷/kN	电动机转速/r·min^{-1}	轴承编号	
			训练数据集	测试数据集
工况 1	12	2 100	轴承 1-1 轴承 1-2 轴承 1-3 轴承 1-4	轴承 1-5
工况 2	11	2 250	轴承 2-1 轴承 2-2 轴承 2-3 轴承 2-4	轴承 2-5
工况 3	10	2 400	轴承 3-1 轴承 3-2 轴承 3-3 轴承 3-4	轴承 3-5

(a) 内圈磨损　　(b) 保持架断裂　　(c) 外圈磨损　　(d) 外圈裂损

图 6-23　故障滚动轴承

图 6-24　轴承全寿命周期振动信号

2. 剩余寿命预测结果

在对 DSCN 进行迭代训练前,需要对训练数据进行预处理并确定 DSCN 的超参数值。本节使用 z-score 归一化和时间窗嵌入策略对水平方向和垂直方向的振动信号进行预处理[15]。同时,DSCN 的各个超参数值通过在训练数据集上进行 4 折交叉验证并综合权衡预测精度和计算复杂度后确定,具体如表 6-6 所示。采用均方误差函数作为 DSCN 的损失函数,批样本大小为 128,并使用 Adam 优化器最小化损失函数。此外,DSCN 的权值和偏置使用预激活策略进行初始化,共进行了 100 次迭代训练。

表 6-6 轴承剩余寿命预测中 DSCN 的超参数设置

超参数	大小	超参数	大小
卷积核尺寸 $M \times 1$	8×1	卷积核个数 N	16
池化尺寸 p	4	维度降低率 r	16
可分卷积模块数 D	3	时间窗长度 S	5
批样本大小	128	迭代次数	100

在滚动轴承剩余寿命预测中,本节使用得分函数(Score)[16]和均方根误差(Root Mean Square Error,RMSE)定量评估 DSCN 的预测性能。对于测试数据集中的每个轴承,Score 值与 RMSE 值从 1/2 寿命处开始计算,这是因为相比早期预测阶段,这些时间点的预测结果更稳定,对维修决策更有意义。

首先对可分卷积和 SE 单元带来的预测性能提升进行分析说明。如表 6-7 所示列出了 DCSN 与其他两个相似的深度预测网络的参数总量和训练时间。其中,PredNet-1 网络使用标准卷积操作,PredNet-2 网络使用可分卷积操作。除了不包含 SE 单元,这两个网络与 DSCN 具有相同的结构和超参数设置。从表 6-7 中可以看出,相比于使用标准卷积的 PredNet-1,使用可分卷积的 PredNet-2 极大地降低了网络参数量,约减少了 82.07%,因此获得了更小的计算代价。虽然 DSCN 因使用 SE 单元而在一定程度上增加了网络参数量,但相比于 PredNet-2,DSCN 的参数量仅增加了 5.50%。如图 6-25 所示给出了这三个深度预测网络的性能评估结果。从图中可以看出,在每个轴承的剩余寿命预测中,PredNet-2 的 Score 值和 RMSE 值均比 PredNet-1 更低,这表明通过充分解耦时间相关性和通道相关性,可分卷积有效地提高了网络的预测性能。此外,通过使用 SE 单元自适应地重新标定可分卷积层的特征响应,DSCN 具有了更强的退化信息鉴别能力,获得了比其他两个网络更好的预测性能。因此,DSCN 无论是在预测精度还是在计算复杂度上均优于标准卷积网络。

表 6-7 三种深度预测网络的参数总量与训练时间对比

预测网络	模型参数总量	训练时间/s
PredNet-1	272 171	4 607.36
PredNet-2	48 865	1 940.12
DSCN	51 553	2 023.13

(a) Score 值对比　　　　　　(b) RMSE 值对比

图 6-25　三种深度预测网络的性能评估结果对比

将 DSCN 剩余寿命预测方法与四种现有的剩余寿命预测方法进行对比。用于对比的四种现有方法分别基于 SVM[17]、DBN[18]、多尺度 CNN[19]和卷积 LSTM[20]建立,记为 M1～M4。对于 M1、M2 和 M3,首先分别对其进行特征提取与选择,然后将提取的特征输入到对应模型中进行训练与测试。对于 M4,首先使用 CNN 从原始的轴承振动信号中提取局部特征,然后将这些特征输入双向 LSTM 中进行剩余寿命预测。如表 6-8 所示汇总了 DSCN 与四种现有方法的性能评估结果。从表中可以看出:①在每个轴承的剩余寿命预测任务中,M2、M3、M4 和 DSCN 获得了比 M1 更好的预测结果,这是因为 M2、M3、M4 和 DSCN 均是基于深度学习模型而构建的,它们比基于传统机器学习模型而构建的 M1 具有更强的表征学习能力,能够更好地挖掘轴承退化信息,进而构建更加准确的剩余寿命预测模型;②在所有深度预测模型中,DSCN 在每个测试轴承的剩余寿命预测中均获得了最低的 Score 值和最小的 RMSE 值,因此 DSCN 的预测性能优于其他四种方法,这种性能上的优势再次证明了可分卷积和 SE 单元能够有效提升模型的预测精度。

表 6-8　五种不同预测方法在轴承剩余寿命预测中的性能评估结果对比

轴承编号		M1	M2	M3	M4	DSCN
Ber 1-5	Score	1 047.03±42.61	413.97±36.25	247.76±23.81	178.94±20.37	107.08±14.97
	RMSE	27.30±1.71	18.68±1.98	15.22±1.60	9.89±1.84	6.67±1.56
Ber 2-5	Score	1 083.03±59.09	585.02±51.27	217.38±20.83	241.06±31.25	134.80±21.46
	RMSE	29.90±2.47	19.26±2.64	14.04±1.80	11.84±1.96	8.58±1.69
Ber 3-5	Score	1 713.94±46.40	1 151.95±79.70	696.99±53.25	592.15±54.56	479.92±49.64
	RMSE	69.05±3.88	26.48±2.43	18.93±1.83	15.78±1.81	10.41±1.78

6.4 循环卷积神经网络构建及剩余寿命预测

CNN 具有局部连接、权值共享、空间池化等优良特性，适合处理振动、力、声发射等高维监测数据。然而，现有的基于 CNN 的剩余寿命预测方法存在如下局限性。

（1）不能建立机械装备不同退化状态之间的长期依赖关系。在机械装备运行过程中，不同时刻的装备退化状态在时间尺度上具有长期依赖关系，而且这种时间依赖关系对准确的剩余寿命预测至关重要，但现有基于 CNN 的预测方法不具备建模退化状态之间长期依赖关系的能力。

（2）无法量化剩余寿命预测结果的不确定性。剩余寿命预测结果的可信度可以为维修决策提供有力支撑，因此对预测结果的不确定性进行量化是十分必要的。但现有的 CNN 在预测装备剩余寿命时仅提供了单点估计结果，而非概率分布，因此无法对预测结果的不确定性进行量化，增加了维修决策的风险。

为了突破以上局限性，本节首先利用循环连接和门控机制构建了 RCNN，使网络能够学习机械装备不同退化状态之间的依赖关系，并随时间动态地记忆关键退化信息。然后，基于变分推理对 RCNN 的预测不确定性进行了量化，获得了机械装备剩余寿命的预测分布。

6.4.1 循环卷积神经网络构建

1. 循环卷积层

卷积层是 CNN 的核心层，它能够从输入的监测数据中自动挖掘机械装备的退化信息并获得多层次的数据表征。然而，卷积层缺乏一个将输出反馈给输入的回路，这意味着卷积层内的信息仅仅能够前向传递。因此，在每个预测时刻，CNN 仅考虑了当前的输入信息而忽略了之前的机械装备退化信息，不能对机械装备不同退化状态之间的时间依赖关系进行有效建模。为了克服上述 CNN 的局限性，本书提出了 RCNN，将循环连接和门控机制引入卷积层，构建了一个新的网络核心层，即循环卷积层（Recurrent Convolutional Layer，RCL）。

不同于卷积层单向传递信息，RCL 在输出和输入之间添加了一个循环连接，使输出不仅与当前时刻的输入有关，还与之前输入的历史记忆相关。这种能力使 RCL 能够利用所有时序数据的退化信息,建立不同退化状态之间的时间依赖性。对于第 i 个 RCL,t 时刻的状态 x_t^i 表示为:

$$x_t^i = g\left(x_t^{i-1}, h_{t-1}^i\right) \quad (6-30)$$

式中,$g(\cdot)$ 是非线性激活函数,如 Sigmoid、tanh、ReLU 等;x_t^{i-1} 是 RCL 的输入;$h_{t-1}^i = x_{t-1}^i$ 是 t-1 时刻存储的状态,该状态将通过循环连接反馈到 RCL 的输入上。

理论上,循环连接使 RCL 能够从输入数据中学到任何长度的时间依赖性。但在实际中,由于梯度消失或梯度爆炸问题,RCL 仅能够记忆几个时间步的信息。为了避免这一问题,在 RCL 中引入了门控机制[21],如图 6-26 所示。引入门控机制的 RCL 共包含重置门 r_t^i 和更新门 u_t^i,其表达式分别如下:

$$r_t^i = \sigma_s\left(K_r^i * x_t^{i-1} + W_r^i * h_{t-1}^i + b_r^i\right) \quad (6-31)$$

$$u_t^i = \sigma_s\left(K_u^i * x_t^{i-1} + W_u^i * h_{t-1}^i + b_u^i\right) \quad (6-32)$$

式中,$\sigma_s(\cdot)$ 是 Sigmoid 激活函数;$*$ 表示卷积操作;K_r^i、W_r^i、K_u^i 和 W_u^i 是卷积核;b_r^i 和 b_u^i 是偏置项。在每个时间步 t 时,引入门控机制以后的 RCL 状态 x_t^i 可由下列公式计算得到:

$$x_t^i = u_t^i \circ h_{t-1}^i + \left(1 - u_t^i\right) \circ \tilde{h}_t^i \quad (6-33)$$

$$\tilde{h}_t^i = \tanh\left(K_h^i * x_t^{i-1} + W_h^i * \left(r_t^i \circ h_{t-1}^i\right) + b_h^i\right) \quad (6-34)$$

式中,$\circ$ 表示 Hadamard 积;$\tilde{h}_t^i$ 是最近产生的状态;K_h^i 和 W_h^i 是卷积核;b_h^i 是偏置项。从式(6-33)和式(6-34)中可以看出,t 时间步的状态 x_t^i 是之前的状态 h_{t-1}^i 和当前的候选状态 $\tilde{h}_t^i$ 的线性联合,且 x_t^i 由重置门 r_t^i 和更新门 u_t^i 控制。

图 6-26 循环卷积层中的门控机制

RCL 通过引入门控机制遗忘或记忆之前和当前的退化信息。一方面,重置门 r_t^i 决定应该遗忘多少过去的信息。例如,在式(6-34)中,如果重置门 r_t^i 接近 0,当前的候选状态 $\tilde{h}_t^i$ 将强制忽略之前的状态 h_{t-1}^i,仅考虑当前的输入 x_t^{i-1}。因此,借助重置门 r_t^i,网络能够遗忘一些之前的不相关信息,进而学到更简洁紧凑的表征。另一方面,更新门 u_t^i 控制着传递多少来自过去状态的信息给当前的状态。这可以帮助网络记忆长期的信息,并减缓梯度消失问题。此外,RCL 里的每个特征面都有重置门与更新门,因而能够自适应地捕捉不同时间尺度的依赖关系。如果重置门被频繁激活,特征面将趋向于学习短期依赖性或仅关注当前的输入。相反,如果更新门被频繁激活,特征面将趋向学习长期依赖性。

2. RCNN 的网络结构

RCNN 的网络结构如图 6-27 所示,主要由 RCL、池化层和全连接层组成。在 RCNN 中,为了获取来自不同传感器的退化信息,使用大小为 $H \times 1 \times C$ 的多通道时间序列数据作为网络的输入。其中,H 是每个传感器序列的长度;C 是传感器的个数。然后,使用 N 个 RCL 和 N 个池化层从输入数据中自动提取深层特征,并捕获不同退化状态之间的时间依赖性。对于第 i 个 RCL($i=1,2,\cdots,N$),所有卷积核都有相同的参数设置,即卷积核个数设置为 $2^{(i-1)}M$,卷积核尺寸设置为 $k \times 1$。对于前 $N-1$ 个池化层,使用最大池化函数执行降采样操作,而且池化尺寸等于池化步长。对于最后第 N 个池化层,使用全局最大池化操作执行降采样操作。第 N 个 RCL 学到的高层次表征转换为一个大小为 $2^{(N-1)}M$ 的向量。随后,将这个向量输入到后续的 L 个全连接层中。RCNN 中有 3 个全连接层,对于前两个全连接层,每层有 F 个神经元,均使用 ReLU 作为激活函数。第 3 个全连接层作为 RCNN 的输出层,包含 1 个神经元,用以预测机械装备的剩余寿命。

注:PL——池化层;FCL——全链接层

图 6-27 RCNN 的网络结构

6.4.2 预测不确定性量化

机械装备运行工况复杂，失效模式多变，而且监测数据中存在测量噪声或随机干扰，导致剩余寿命预测结果不可避免地具有不确定性。因此，必须量化机械装备剩余寿命预测过程中的不确定性，进而为维修决策的科学制定、备品备件的优化管理提供准确的指导。本节使用变分推理对 RCNN 的预测不确定性进行量化，具体过程如下。

RCNN 可视为一个具有随机变量 ω 的概率模型，且 ω 服从高斯先验分布。在 RCNN 中，随机变量 ω 由所有可学习的网络参数构成，包括全链接层中的卷积核和偏置 $\omega_{\mathrm{RCL}} = \left\{ K_r^i, W_r^i, b_r^i, K_u^i, W_u^i, b_u^i, K_h^i, W_h^i, b_h^i \mid i=1,2,\cdots,N \right\}$，以及全链接层中的权值和偏置 $\omega_{\mathrm{FCL}} = \left\{ W_f^i, b_f^i \mid i=1,2,\cdots,L \right\}$。给定一个由 T 个输入样本 $X = \{x_t\}_{t=1}^T$ 和 T 个输出样本 $O = \{o_t\}_{t=1}^T$ 组成的训练数据集，根据贝叶斯定理，随机变量 ω 的后验分布表示为：

$$p(\omega|X,O) = \frac{p(O|X,\omega)p(\omega)}{p(O|X)} \tag{6-35}$$

根据式（6-35），对于一个新的输入 x^*，其预测分布能够通过下式获得：

$$p(o^*|x^*,X,O) = \int p(o^*|x^*,\omega)p(\omega|X,O)\mathrm{d}\omega \tag{6-36}$$

由于难以直接最大化随机变量 ω 的边际似然函数，因此无法获得式（6-36）中的后验分布 $p(\omega|X,O)$ 的解析解。本节使用变分推理近似计算后验分布 $p(\omega|X,O)$。

首先，定义一个近似变分分布 $q(\omega)$ 分解权值与偏置，即

$$\begin{aligned} q(\omega) &= q(\omega_{\mathrm{RCL}})q(\omega_{\mathrm{FCL}}) \\ &= \prod_{i=1}^N q(K_r^i)q(W_r^i)q(b_r^i)q(K_u^i)q(W_u^i)q(b_u^i)q(K_h^i)q(W_h^i)q(b_h^i) \prod_{i=1}^L q(W_f^i)q(b_f^i) \end{aligned} \tag{6-37}$$

式（6-37）中，每个权值的变分分布被定义为二元高斯混合分布，每个偏置的变分分布服从单高斯分布。为了简化符号，分别使用 W^l 和 b^l 表示第 l 个权值层的权值和偏置，这里 $l=1,2,\cdots,N+L$。相应地，$q(W^l)$ 和 $q(b^l)$ 表示为：

$$q(W^l) = \pi^l N(\mu_W^l, \tau^{-1}I) + (1-\pi^l)N(0, \tau^{-1}I) \tag{6-38}$$

$$q(b^l) = N(\mu_b^l, \tau^{-1}I) \tag{6-39}$$

式中，$\pi^l \in [0,1]$ 是提前给定的概率；μ_W^l 和 μ_b^l 分别为权值和偏置的变分参数；τ 是模型的精度。

然后，通过最小化近似变分分布和后验分布的 KL 散度 $\text{KL}\left(q(\boldsymbol{\omega})\|p(\boldsymbol{\omega}|\boldsymbol{X},\boldsymbol{O})\right)$，获得近似的预测分布：

$$p\left(o^*|\boldsymbol{x}^*,\boldsymbol{X},\boldsymbol{O}\right) \approx \int p\left(o^*|\boldsymbol{x}^*,\boldsymbol{\omega}\right)q^*(\boldsymbol{\omega})\,\mathrm{d}\boldsymbol{\omega} \quad (6\text{-}40)$$

式中，$q^*(\boldsymbol{\omega})$ 用于最小化 $\text{KL}\left(q(\boldsymbol{\omega})\|p(\boldsymbol{\omega}|\boldsymbol{X},\boldsymbol{O})\right)$。由式（6-40）可知，想要获得 RCNN 的预测分布，关键在于最小化 KL 散度，而最小化 KL 散度等效于最大化边际似然函数下界。因此，RCNN 的目标函数为：

$$\begin{aligned}\mathcal{L} &= \text{KL}\left(q(\boldsymbol{\omega})\|p(\boldsymbol{\omega}|\boldsymbol{X},\boldsymbol{O})\right) = \int q(\boldsymbol{\omega})\log\frac{q(\boldsymbol{\omega})}{p(\boldsymbol{\omega}|\boldsymbol{X},\boldsymbol{O})}\mathrm{d}\boldsymbol{\omega} \\ &\propto -\int q(\boldsymbol{\omega})\log p(\boldsymbol{O}|\boldsymbol{X},\boldsymbol{\omega})\mathrm{d}\boldsymbol{\omega} + \text{KL}\left(q(\boldsymbol{\omega})\|p(\boldsymbol{\omega})\right) \\ &= -\sum_{t=1}^{T}\int q(\boldsymbol{\omega})\log p(o_t|\boldsymbol{x}_t,\boldsymbol{\omega})\mathrm{d}\boldsymbol{\omega} + \text{KL}\left(q(\boldsymbol{\omega})\|p(\boldsymbol{\omega})\right)\end{aligned} \quad (6\text{-}41)$$

式（6-41）中的第一项，可通过蒙特卡洛积分求解，具体求解过程如下。

（1）使用标准正态分布 $q(\boldsymbol{\alpha})=N(0,\boldsymbol{I})$ 和伯努利分布 $q(\boldsymbol{\beta})=\text{Bernoulli}(\pi)$ 重新参数化 $\boldsymbol{W}^l$ 和 $\boldsymbol{b}^l$。根据式（6-38）和式（6-39），$\boldsymbol{W}^l$ 和 $\boldsymbol{b}^l$ 可重新表示为：

$$\boldsymbol{W}^l = \boldsymbol{\beta}^l\left(\boldsymbol{\mu}_W^l + \tau^{-\frac{1}{2}}\boldsymbol{\alpha}\right) + (1-\boldsymbol{\beta}^l)\tau^{-\frac{1}{2}}\boldsymbol{\alpha} \quad (6\text{-}42)$$

$$\boldsymbol{b}^l = \boldsymbol{\mu}_b^l + \tau^{-\frac{1}{2}}\boldsymbol{\alpha} \quad (6\text{-}43)$$

（2）根据式（6-42）和式（6-43），式（6-41）中的积分项可以重新表示为：

$$\int q(\boldsymbol{\omega})\log p(o_t|\boldsymbol{x}_t,\boldsymbol{\omega})\mathrm{d}\boldsymbol{\omega} = \int q(\boldsymbol{\alpha},\boldsymbol{\beta})\log p(o_t|\boldsymbol{x}_t,\boldsymbol{\omega}(\boldsymbol{\alpha},\boldsymbol{\beta}))\mathrm{d}\boldsymbol{\alpha}\mathrm{d}\boldsymbol{\beta} \quad (6\text{-}44)$$

从式（6-44）可以看出，式中的每个积分函数均取决于网络的权值与偏置。

（3）使用具有单采样 $\hat{\boldsymbol{\omega}}_t \sim q(\boldsymbol{\omega})$ 的蒙特卡洛积分求解式（6-44）中的积分项，即可获得无偏估计 $\log p(o_t|\boldsymbol{x}_t,\hat{\boldsymbol{\omega}}_t)$。

基于上述求解，式（6-41）中的目标函数可以进一步表示为：

$$\mathcal{L} = -\sum_{t=1}^{T}\log p(o_t|\boldsymbol{x}_t,\hat{\boldsymbol{\omega}}_t) + \text{KL}\left(q(\boldsymbol{\omega})\|p(\boldsymbol{\omega})\right) \quad (6\text{-}45)$$

上式中，KL 散度能够通过 L^2 正则化近似，即

$$\text{KL}\left(q(\boldsymbol{\omega})\|p(\boldsymbol{\omega})\right) = \sum_{l=1}^{M+L}\left(\frac{\pi^l c^2}{2}\left\|\boldsymbol{\mu}_W^l\right\|_2^2 + \frac{c^2}{2}\left\|\boldsymbol{\mu}_b^l\right\|_2^2\right) \quad (6\text{-}46)$$

式中，c 是先验的长度系数。因此，RCNN 的目标函数最终可以表示为：

$$\begin{aligned}\mathcal{L} &= -\sum_{t=1}^{T} \log p(o_t|x_t,\hat{\omega}_t) + \sum_{l=1}^{M+L} \left(\frac{\pi^l c^2}{2} \left\| \mu_W^l \right\|_2^2 + \frac{c^2}{2} \left\| \mu_b^l \right\|_2^2 \right) \\ &\propto \frac{1}{T}\sum_{t=1}^{T} \frac{-\log p(o_t|x_t,\hat{\omega}_t)}{\tau} + \sum_{l=1}^{M+L} \left(\frac{\pi^l c^2}{2\tau T} \left\| \mu_W^l \right\|_2^2 + \frac{c^2}{2\tau T} \left\| \mu_b^l \right\|_2^2 \right) \\ &= \frac{1}{T}\sum_{t=1}^{T} E(o_t,\hat{o}(x_t,\hat{\omega}_t)) + \sum_{l=1}^{M+L} \left(\frac{\pi^l c^2}{2\tau T} \left\| \mu_W^l \right\|_2^2 + \frac{c^2}{2\tau T} \left\| \mu_b^l \right\|_2^2 \right) \end{aligned} \quad (6\text{-}47)$$

式中，$E(\cdot,\cdot)$ 是损失函数，如均方误差、绝对平均误差或 Huber 损失函数。

通过分析式（6-42）、式（6-43）和式（6-47）可以发现，对于概率性的 RCNN，评估网络输出 $\hat{o}(\cdot)$ 的过程是在前向传播过程中随机地屏蔽权值矩阵的行，这等效于在 RCNN 的每个权值层中执行 dropout 操作[22]。此外，式（6-47）的第二项相当于在网络优化期间给每个权值和偏置添加一个 L^2 正则项。因此，RCNN 的预测不确定性可以通过在每个 RCL 和每个全连接层中添加一个概率为 π 的 dropout 和权值衰退系数为 λ 的 L^2 正则项进行量化。由此，式（6-47）中的目标函数等价于以下目标函数：

$$\mathcal{L} \propto \mathcal{L}_{\text{dropout}} = \frac{1}{T}\sum_{t=1}^{T} E(o_t,\hat{o}_t) + \lambda \sum_{l=1}^{M+L} \left(\left\| W^l \right\|_2^2 + \left\| b^l \right\|_2^2 \right) \quad (6\text{-}48)$$

在 RCNN 训练过程中，上述目标函数 $\mathcal{L}_{\text{dropout}}$ 可通过随机梯度下降、RMSprop 和 Adam 等优化算法最小化。训练完成后，剩余寿命预测的概率分布结果通过蒙特卡洛 dropout 得到。具体来说，给定一个新的输入 x^*，蒙特卡洛 dropout 通过执行 V 次随机前向传播获得预测的均值与方差，即：

$$p(o^*|x^*,X,O) \approx \int p(o^*|x^*,\omega)q(\omega)d\omega \approx \frac{1}{V}\sum_{v=1}^{V} p(o^*|x^*,\hat{\omega}_v) \quad (6\text{-}49)$$

式中，$\hat{\omega}_v \sim q(\omega)$。

6.4.3 数控机床刀具剩余寿命预测

1. 实验设计与数据获取

铣刀作为数控加工的执行元件，其状态直接决定了工件的表面加工质量与尺寸精度。在加工过程中，铣刀不可避免地存在磨损或破损等现象，如果未及时更换磨钝或破损的铣刀，轻则影响产品质量，重则损坏机床，甚至引发安全事故。因此，本节以铣刀为对象开展剩余寿命预测实验，并用获取的监测数据验证 RCNN 的有效性。如图 6-28 所示，铣刀剩余寿命预测实验在 DAHENG VMC850 数控机床上开展。工件的材料是 45 号钢，铣刀型号为 APMT 1135。实验中，一共对 6 把铣刀进行了剩余寿命预测，具体的加工参数设置如下：主轴转速为 2 500 r/min，进给速度为 200 mm/min，Z 方向的切削深度为 2 mm。每次切削加工时，数控机床的工作台沿 X 方向从左往右移动，加工完成后工作台重新返回起始点，以确保所有加工均沿同一方向进行。为了全面监测铣刀的退化过程，实验中使用了 5 种不同类型的传感器，包括三向加速度传感器、三向切削力传感器、声传感器、电流传感器和声发射传感器。对于前四种传感器，采样频率设置为 10 kHz。对于声发射传感器，采样频率设置为 1 MHz。

如图 6-29 所示给出了铣刀的两种失效形式：后刀面磨损与崩刃。对于后刀面磨损，实验中使用工业显微镜测量后刀面磨损量。根据国际标准 ISO 8688-1，当后刀面磨损量超过 0.3 mm 时，铣刀被判定为完全失效，终止实验。如图 6-30 所示显示了铣刀 1 在全寿命周期内的所有监测信号。使用前 4 把铣刀作为训练数据集，后 2 把铣刀作为测试数据集。此外，所有类型的监测信号均输入到 RCNN 中，故一个输入样本的大小为 10 000×1×9。

图 6-28　实验所用的数控机床与传感器布置

(a) 后刀面磨损　　　　　(b) 崩刃

图 6-29　铣刀的两种失效形式

图 6-30　铣刀 1 在全寿命周期内的所有监测信号

2. 剩余寿命预测结果

在铣刀剩余寿命预测中，通过在训练数据集上进行 4 折交叉验证后确定 RCNN 的超参数值，具体如表 6-9 所示。同时，在 RCNN 的每个 RCL 和全连接层上均添加了 Dropout 和 L^2 正则项，并通过蒙特卡洛 Dropout 获取剩余寿命预测分布。RCNN 的预测性能通过累积相关精度（Cumulative Relative Accuracy，CRA）和收敛度 C_{PE} 定量评估[23]。

表 6-9　铣刀剩余寿命预测中 RCNN 的超参数设置

超参数	大小	超参数	大小
卷积核个数 M	16	卷积核尺寸 $k×1$	$8×1$
层数 N	4	卷积核尺寸 p	8
神经元个数 F	100	权值衰减系数 λ	10^{-5}
前向传播次数 V	1 000	Dropout 概率 π	0.15
批样本大小	128	迭代次数	200

如图 6-31 所示给出了铣刀 5 和铣刀 6 的剩余寿命预测结果。从图中可以看出，在预测初始阶段，剩余寿命的预测值与真实值之间存在较大的偏差。但随着时间的推移，这种偏差逐渐减小，剩余寿命的预测值也逐渐收敛到真实值。这是因为在初始阶段，刀具处于初期磨损阶段，磨损量较小。但随着刀具磨损量的增加，监测信号中包含的退化信息越来越多，RCNN 能够越来越准确地预测铣刀的剩余寿命。为了进一步说明 RCNN 的优越性，本节使用了 5 种现有的铣刀剩余寿命预测方法对铣刀 5 和铣刀 6 的剩余寿命进行了预测。这 5 种方法分别基于 SVM[24]、模糊神经网络[25]、DBN[26]、CNN[27]和卷积 LSTM[20]建立，记为 M1~M5。对于 M1、M2 和 M3，首先从监测信号中提取并选择特征，然后将这些特征输入到对应模型中进行训练和测试。对于 M4 和 M5，直接将原始的监测信号输入到模型中进行训练和测试。为了获得更准确的预测结果，每种方法都通过 4 折交叉验证来确定模型的超参数。如表 6-10 所示列出了 RCNN 与 5 种现有预测方法在铣刀剩余寿命预测中的性能评估结果。从表中可以看出，在铣刀 5 和铣刀 6 的剩余寿命预测中，RCNN 获得了最高的 CRA 值和最低的 C_{PE} 值，这表明相比其他五种现有的铣刀剩余寿命预测方法，RCNN 能够提供更准确的剩余寿命预测结果。此外，通过使用变分推理量化预测不确定性，RCNN 能够输出铣刀剩余寿命的预测结果概率分布，而非点估计值，这有利于维修决策的科学制定与备品备件的优化管理。因此，RCNN 的剩余寿命预测性能优于其他 5 种现有方法。

（a）铣刀 5　　　　　　　　　　　（b）铣刀 6

图 6-31　铣刀剩余寿命预测结果

表6-10　6种不同预测方法在铣刀剩余寿命预测中的性能评估结果对比

铣刀编号		M1	M2	M3	M4	M5	RCNN
铣刀5	CRA	0.632 0	0.610 4	0.662 2	0.706 0	0.817 1	0.857 8
	C_{PE}	1 152.308 9	1 156.074 7	1 122.280 9	1 109.567 0	1 067.363 7	1 053.134 1
铣刀6	CRA	0.473 6	0.621 9	0.768 7	0.748 3	0.798 6	0.860 1
	C_{PE}	1 313.838 4	1 201.295 0	1 133.898 1	1 150.964 4	1 136.067 1	1 112.937 1

本章小结

本章从机械装备健康指标构建、预测模型建立等方面详述了数据驱动的机械装备剩余寿命预测方法。首先,提出了基于RNN的健康指标构建方法,实现了敏感特征优选与健康指标自主构建。然后,通过分析不同核函数的特性,提出了自适应多核组合RVM预测方法,与基于单一核函数的RVM相比能获得更加准确的预测结果。之后,提出了DSCN剩余寿命预测方法,建立了原始监测数据与机械装备剩余寿命之间的直接映射关系。最后,构建了RCNN剩余寿命预测方法,不仅能够建模机械装备不同退化状态之间的时间依赖性,而且能够提供寿命预测结果的概率分布,为维护策略的制定提供有力支撑。

参考文献

[1] 何正嘉, 曹宏瑞, 訾艳阳, 等. 机械设备运行可靠性评估的发展与思考[J]. 机械工程学报, 2014, 50(2): 171-186.

[2] LEI Y, LI N, GUO L, et al. Machinery health prognostics: A systematic review from data acquisition to RUL prediction[J]. Mechanical Systems and Signal Processing, 2018, 104: 799-834.

[3] HU C, YOUN B D, WANG P, et al. Ensemble of data-driven prognostic algorithms for robust prediction of remaining useful life[J]. Reliability Engineering & System Safety, 2012, 103: 120-135.

[4] JAVED K, GOURIVEAU R, ZERHOUNI N, et al. A feature extraction procedure based on

trigonometric functions and cumulative descriptors to enhance prognostics modeling[C]//IEEE Conference on Prognostics and Health Management in Gaithersburg, USA, June 24-27, 2013.

[5] COBLE J, HINES J W. Applying the general path model to estimation of remaining useful life[J]. International Journal of Prognostics and Health Management, 2011, 2(1): 2153-2648.

[6] BENGIO Y, SIMARD P, FRASCONI P. Learning long-term dependencies with gradient descent is difficult[J]. IEEE Transactions on Neural Networks, 1994, 5(2): 157-166.

[7] HOCHREITER S, SCHMIDHUBER J. Long short-term memory[J]. Neural Computation, 1997, 9(8): 1735-1780.

[8] NECTOUX P, GOURIVEAU R, MEDJAHER K, et al. PRONOSTIA: An experimental platform for bearings accelerated degradation tests[C]//IEEE International Conference on Prognostics and Health Management in Denver, USA, June 18-21, 2012.

[9] HUANG R, XI L, LI X, et al. Residual life predictions for ball bearings based on self-organizing map and back propagation neural network methods[J]. Mechanical Systems and Signal Processing, 2007, 21(1): 193-207.

[10] TIPPING M E. Sparse bayesian learning and the relevance vector machine[J]. Journal of Machine Learning Research, 2001, 1(3): 211-244.

[11] TIPPING M E. Fast marginal likelihood maximisation for sparse Bayesian models[C]//International Workshop on Artificial Intelligence and Statistics in Key West, USA, January 3-6, 2003.

[12] 雷亚国，陈吴，李乃鹏，等．自适应多核组合相关向量机预测方法及其在机械设备剩余寿命预测中的应用[J]．机械工程学报，2016, 52(1): 87-93.

[13] 裴洪，胡昌华，司小胜，等．基于机器学习的设备剩余寿命预测方法综述[J]．机械工程学报，2019, 55(8): 1-13.

[14] HE K, ZHANG X, REN S, et al. Deep residual learning for image recognition[C]//IEEE Conference on Computer Vision and Pattern Recognition in Las Vegas, USA, June 26-July 7, 2016: 770-778.

[15] WANG B, LEI Y, LI N, et al. Deep separable convolutional network for remaining useful life prediction of machinery[J]. Mechanical Systems and Signal Processing, 2019, 134: 1-18.

[16] SAXENA A, GOEBEL K, SIMON D, et al. Damage propagation modeling for aircraft engine run-to-failure simulation[C]//International Conference on Prognostics and Health Management in Denver, USA, October 6-9, 2008.

[17] LOUTAS T H, ROULIAS D, GEORGOULAS G. Remaining useful life estimation in rolling bearings utilizing data-driven probabilistic E-support vectors regression[J]. IEEE Transactions on Reliability, 2013, 62(4): 821-832.

[18] DEUTSCH J, HE D. Using deep learning-based approach to predict remaining useful life of rotating components[J]. IEEE Transactions on Systems, Man, and Cybernetics: Systems, 2017, 48(1): 11-20.

[19] ZHU J, CHEN N, PENG W. Estimation of bearing remaining useful life based on multiscale convolutional neural network[J]. IEEE Transactions on Industrial Electronics, 2018, 66(4): 3208-3216.

[20] AN Q, TAO Z, XU X, et al. A data-driven model for milling tool remaining useful life prediction with convolutional and stacked LSTM network[J]. Measurement, 2020, 154: 107461.

[21] CHO K, MERRIëNBOER B V, GULCEHRE C, et al. Learning phrase representations using RNN encoder-decoder for statistical machine translation[C]//Conference on Empirical Methods in Natural Language Processing in Doha, Qatar, October 25-29, 2014: 1724–1734.

[22] GAL Y, GHAHRAMANI Z. Dropout as a Bayesian approximation representing model uncertainty in deep learning[C]//International Conference on Machine Learning in New York, USA, June 19-24, 2016: 1050-1059.

[23] SAXENA A, CELAYA J, SAHA B, et al. Metrics for offline evaluation of prognostic performance[J]. International Journal of Prognostics and Health Management, 2010, 1: 4-23.

[24] BENKEDJOUH T, MEDJAHER K, ZERHOUNI N, et al. Health assessment and life

prediction of cutting tools based on support vector regression[J]. Journal of Intelligent Manufacturing, 2015, 26(2): 213-223.

[25] ZHANG C, YAO X, ZHANG J, et al. Tool condition monitoring and remaining useful life prognostic based on a wireless sensor in dry milling operations[J]. Sensors, 2016, 16(6): 795.

[26] CHEN Y, JIN Y, JIRI G. Predicting tool wear with multi-sensor data using deep belief networks[J]. The International Journal of Advanced Manufacturing Technology, 2018, 99(5-8): 1917-1926.

[27] WANG Y, DAI W, XIAO J. Detection for cutting tool wear based on convolution neural networks[C]//International Conference on Reliability, Maintainability, and Safety in Shanghai, China, October 17-19, 2018: 297-300.

